「痛み」とは何か

牛田享宏
Takahiro Ushida

ハヤカワ新書 041

目次

イラスト／河島正進

はじめに

おそらくこの文章を読んでいるあなたはご自分や家族がケガや病気で痛みの辛《つら》い経験をしたことがあって、この本を手に取られたのかもしれません。僕自身も子供の頃からよくケンカをしてケガしたり転んだりして痛みの経験をしたものです。

現在、僕は「愛知医科大学病院　疼痛《とうつう》緩和外科・いたみセンター」という日本で初めて創設された「集学的痛みセンター」の医師として、なかなか良くならない痛みで困っている患者さんを診ています。

ちなみに「集学的」という言葉は聞きなれないかもしれませんが、いろいろな診療科の医師やスタッフたちが集まって仕事をするという意味で、難しい患者さんを心理面なども含めた多面的な観点から診療して良くしようというのが「集学的痛みセンター」です。

そんな施設ですから、全国から多種多様なお悩みを抱えた患者さんたちが集まって来られ、たくさんの不思議な痛みによく遭遇し、そのたびにいろいろなことを考えたり研究したりしています。

痛みの不思議について、少々極端ではありますが、有名な話を紹介しましょう。宣教師でもあったスコットランドのリビングストンという探検家は、１８４０年、アフリカでライオンに襲われ、左腕にライオンの歯が11本も刺さって骨が砕ける大ケガを負いました。奇跡的に助かった彼は、その時の体験をのちに著書で、自分はライオンに噛《か》まれ、テリア犬やネズミのように振り回されたけれど、痛みや恐怖はまったく感じなかったと書き残しているのです[1]。

読者の中に、さすがにライオンに噛まれたことがある人はまずいないと思いますが、痛みの感じ方が、ケガをしたときの状況や置かれている立場によって違ってくることは、多かれ少なかれ思い当たることがあるのではないでしょうか。

さて、僕自身が痛みの研究をすることになった経緯について少しお話ししましょう。

僕は祖父が開業医だったということもあり医師になりましたが、実は学生時代にバイクの事故で肩の筋肉を動かすための神経を損傷して腕が挙げられなくなることを経験しました。

幸い僕の場合はほぼ自然に回復しましたが、損傷してしまった神経や筋肉を回復させるにはどのような研究をすれば良いのか？　年余にわたって思い悩む経験をしました。

読者の皆さんも知っているかもしれませんが、神経は電気信号として情報を伝える組織です。たとえば肩を動かす場合、まず脳は腕を動かす信号を出し、その信号が神経を伝って肩の三角筋という筋肉に伝われば腕は挙がると言う仕掛けです。

神経を治して電気信号をうまく送ることができれば腕を再び動かせるようになるはず。そのような考えから、身体の神経や筋肉の電気的な関係（電気生理）を研究している整形外科に入局することとしました。そして早々に電気生理を学びたいことを教授に伝え、脊髄の電気生理の研究と外科治療をしていた助教授チームの一員となりました。

脊髄は首から腰までつながっている大きな神経のパイプラインのようなもので、脳からの信号を手足に伝えて動かしたり、逆に手足の感覚を脳に伝えたりする役割を果たしています。そのため、事故などが原因で脊髄（神経）が傷つく「脊髄損傷」になると、下半身が動かなくなり、ずっと車椅子生活になる人がいることはご存じのとおりです。

脊髄損傷まで行かなくても椎間板《ついかんばん》ヘルニアなどで脊髄が圧迫されると、手足の麻痺《まひ》やしびれ・痛みが生じたりするので、改善を図るための治療には、神経の圧迫を解除する「除圧術」と、その部位を安定化させる「固定術」を行なって症状の回復を図る方法がとられています。手術をして手足が動くようになった患者さんたちからはずいぶんお礼を言われる経験をしてきました。

しかし、多くの患者さんは手術をしてもらった先生にはお礼しか言わないでいるのですが、若い担当医として毎日患者さんの訴えを聞いていくと、実は動きが良くなっても、手がビリビリとしびれて痛くて物を触ることが苦痛であるとか、そのため夜も寝られないとか、一つひとつの日常生活で困っている人が多くいることを知りました。

実際、大規模インターネットアンケートを行なうと、脊椎の手術をした人の8割くらいはしびれや痛みが残ってしまい、それが原因で満足な生活ができない状態になってしまっているケースも多いことがわかってきました。

手術は問題なくできているのに、なぜか良くならない症状がある。どのようにすれば患者さんたちが困っている状況を改善できるのか？　そんなある日、図書館で資料探しをしていた僕は、後に留学することになるテキサス大学医学部ガルベストン校のチームが開発した「神経障害性疼痛モデル」の論文に遭遇しました。

僕はそのチームが行なってきた論文を読み漁り、最終的にどうしてもその研究をこの目で見てみたいという思いからテキサス大学への留学に挑みました。

そこでの研究は全てが見たことのない体験でした。神経損傷をきっかけに脊髄自体がさまざまに変化してしまうことが痛みの悪化の要因の一つであることを指し示す研究もありましたが、そのようなことは当時の日本の整形外科（脊椎外科・神経外科）では全く教わることのないものでした。

その後、帰国した僕は改めて脊椎脊髄外科医としての道を歩み始め、テキサス大学の研究などをもとに、脊髄を何とか治せば痛みが取れるはずという考えに基づき、さまざまな投薬や治療に挑みはじめました。その際、長く治療にあたった患者さんを通じて僕の考えを大きく変える出来事が起こりました。

その方は40代の男性で、根強い原因不明の手の痛みに長く苦しんでいて、毎回神経ブロックと薬での治療をしていました。そんなある日、事故で彼が痛いところとは反対の手をケガしてしまったのです。

結果、新しい場所に強い痛みが生じたのですが、するとそれまで死ぬほど辛かったほうの手の痛みが驚くほど楽になるという出来事が起こりました。さらに、事故のケガが治るとまた痛みが復活したのですが、奇妙なことに、実験的にその痛い手を触られるビデオを見せるだけでも物凄く不快で苦しむことを発見してしまいました。

いったい痛みはどこから来ているのか？　これらの事象は手や脊髄の神経だけでとうてい説明できるものではなく、脳を含めた痛みの認知を分析していく必要性を大きく考えさせるものでした。

整形外科だけではこのような痛みに挑むことは難しいであろうと考えた僕は、麻酔科・精神科の医師たち、臨床心理士、看護師、リハビリのスタッフに加え、痛みの分子生物学・神経科学を研究している基礎医学の先生たちと集学的なチームを作り、ともにさまざまなことを学んできました。

痛みは誰しもが経験するものであり、古代から現在に至るまで患者さんたちだけでなく治療者・研究者を悩ませ続けてきた問題でもあります。ある意味、がんなどの病気よりさらに身近な我々の宿敵であり、それに対して今この瞬間も多くの僕たちの仲間が痛みのメカニズムを解明しようと研究し、また新たな治療法や治療薬の開発に取り組み続けています。

とりわけ近年では、神経がどのように活動しているのかをモニタする「脳・神経イメージング」や「遺伝子・分子メカニズム研究技術」の飛躍的な発展によって痛みの実態が詳しくわかってきました。

カリフォルニア大学サンフランシスコ校のデビッド・ジュリアス教授は唐辛子の成分であるカプサイシンに反応する「カプサイシン受容体」を発見しましたが、その受容体にカプサイシンが結合すると辛さだけでなく熱と痛みを引き起こすことを突き止めました。[2] その後、この受容体と関連してさまざまな痛みなどのメカニズム解明につながったことから、２０２１年にノーベル医学・生理学賞が授与されました。

他方、痛みは一人ひとりの個人が苦しむ問題でありながら、実は周囲の人たちとの関係性や職場・社会環境などといった、自分以外の問題が痛みの発症や持続に大きく影響を与えていることもわかってきました。

本書では痛みという不思議な体験に興味がある読者の方に、最近の研究の事例や僕たちが経験した貴重なケースを通じて痛みの本質の一端をご紹介できればと思います。そして望むらくは、いつか読者の誰かが将来いろいろな分野で僕たちに続いて痛みと戦ってくれる研究者になってほしいと願っています。

第1章　「痛み」とはそもそも何なのか

「痛み」という不思議

僕たちは皆、物心がついた頃からさまざまな痛いことを経験してきたと思います。

子供のころ、転んで足をすりむいたり、頭をぶつけてこぶを作ったりしたときの痛み。大きくなってからも、お腹をこわしたときのしくしくする痛み、熱が出たときのズキズキする頭痛、捻挫《ねんざ》や骨折をしたときの鈍い痛み、虫歯ができたときの刺すような痛みなど。さらには年齢を重ね酷使した体を襲う、辛くて苦しい腰痛、膝痛、肩や首の痛み……。まさに僕たちの人生は常に痛みとともにあるとも言えます。

人間にとって、こうした痛みはそもそも嫌で不快なものです。よく言われるように、痛みは身体の組織がダメージを受けていることに対するSOSサインだから、人が不快と感じるようにできているのでしょうか?　あるいは、誰かに殴られるなど嫌な思いとセットになっているから痛みは不快なのかもしれません。なぜこんな不快な感覚が生まれる仕組みを僕たち人間は持ってしまったのでしょうか。

しかし一方で、痛みには不思議な側面があります。たとえばかゆいところを叩いたりつねったりすると気持ちいい感覚が出てきたりします。また、マゾヒストのような人たちは叩かれたりすることを快楽としてとらえている一面もあったりします。痛みとはそもそも生物にとってどんな役割を持っているのでしょうか？　痛みを感じなかったらどうなってしまうのでしょうか？

生まれつき痛みを感じない病気

こうした疑問に答えるヒントとなる、ある希少な病気があります。その名を「先天性無痛無汗症」といいます。*

この病気では、まず温度の感覚や発汗障害が起こります。[3] そのため体温調節がうまくい

*先天性無痛無汗症は、1951年に東京大学小児科の西田五郎医師らが発表したのが世界で最初の症例報告と考えられており、その発病メカニズムについても熊本の犬童康弘医師らを中心に研究が行なわれてきました。現在は神経が発育する時にはたらく神経成長因子（NGF）の受容体の遺伝子変異が原因だと判明しています。NGFが受容体にきちんと接合できない状況が生じると、痛みを伝えたり汗を出したりすることに関与する神経の細胞は成長できず、細胞自然死（＝アポトーシス）することがわかってきています。

かなくなりますが、それだけではありません。その名の通り、全身の痛みを経験できないのです。

こうなると、患者さんにはさまざまな深刻な影響が出ます。痛みを感じないため、骨折・脱臼などの外傷、熱傷や凍傷を繰り返します。骨折がうまく治らなかったり脱臼を繰り返したりすることで、「シャルコー関節」と呼ばれる特異な関節変形に至ることもあります。

皮膚科では蜂窩織炎《ほうかしきえん》と呼ばれる感染症の合併、眼科では角膜の障害を合併することがあります。

痛みを感じないのでどうしても知らず知らずのうちに自分の身体を傷つけてしまう、いわゆる自傷行為も多く、特に指先をぶつけたり、舌や口の中、唇を噛んで傷つけても気づかないため化膿するなどして傷が悪化したりすることが問題になります。

これらのことから、痛みを感じることは我々の生体防御機構にとって非常に重要なことがわかります。やはり痛みはただ単に不快なものではなく、僕たちが体の異常をいち早く検知し、健全な身体を保ち、次世代へと命をつなぐうえで不可欠な存在であることに改めて気づかされます。

痛みについて人類は古くから思索を重ねてきた

「痛みとは何なのか？」この疑問は古くから人類を惹きつけてきたようです。古くから思索や研究を重ねてきた先人たちの考えからは、現代の僕たちにとっても本当に学ぶところが多いと感じることがあります。少し紹介しましょう。

古代エジプトでは紀元前27世紀ごろ、神から送られた悪霊が体内に入ると痛みを生じると考えられていたようです。紀元前5世紀の古代ギリシャではデモクリトス（前460頃〜前370頃）が、身体の孔《あな》や血管に元素の粒子が侵入して心が目覚めると感覚が起こり、「痛み」の場合は、鋭い鍵を持った粒子が身体に侵入して激しく動き、心の分子の静けさをかき乱したときに起こると説明しました。

さらにプラトン（前427頃〜前347頃）は、外から身体に入り込んだ四元素（土・空気・火・水）が不調和に運動して精神に作用すると「痛み」が起こるとしています。

プラトンの弟子のアリストテレス（前384〜前322）は「痛み」を五感（視覚・聴

覚・嗅覚・味覚・触覚）に含めず、生理的な反応によって引き起こされる不快や苦しみである情動としてとらえ、エピクロス（前341〜前270）は、痛みは恐怖の一つであるとしていました。

こうした紀元前の人々にとっては、そもそも痛みが持つ意味は、現代とは比べ物にならないくらいシビアなものだったのではないかと想像されます。

たとえば手や足の外傷一つとっても、現代では、ケガを負った瞬間こそ大きな痛みを感じたとしても、文明国においては多くの場合、治療すれば治るため、本人も周りの人もそこまで重大な事態としてとらえることはないかもしれません。

しかしながら紀元前の人からすれば、たとえちょっとしたケガであっても、それが細菌感染や出血・壊死《えし》といった事態になれば生命の危険につながりかねません。あるいはそこまで行かなくても、骨や関節がおかしな形のまま固まれば（関節拘縮《こうしゅく》といいます）、運動能力に著しい障害が生じるので狩りや漁に参加できなくなったりし、それが間接的な死に至る原因となることもあったと思われます。

このように痛みが死と密接に関係するものとして生じる以上、恐怖にも似た情動を痛みの本質としてとらえる考え方が生まれたことは当然と言えるでしょう。

一方で、痛みを情動としつつも生物医学的な考え方を取り入れようとする人物も現れています。この時代にギリシャで医学校の教授を務めていた〝医学の父〟ヒポクラテス（前460頃～前375頃）が経験科学的な医療を教育し、[4] その中でアスピリンの起源となるヤナギの樹皮を用いた診療を行なっていたのは驚くべきことです。

「神経」の発見と痛み

神経が痛みを伝える器官であることを知ったのは誰が最初なのか？ これも大変興味のあるところです。この発見については、ヒポクラテスより少し遅れてアレクサンドリア（エジプト）に医学校を創設したヘロフィロス（前335～前280）と、ギリシャの医師ガレノス（129頃～216頃）が最も大きな役割を果たしたと考えられています。

まずヘロフィロスの最大の業績は、神経には感覚神経と運動神経の二系統があることを見出したこと、そして、脳が神経系の中枢で、知性のありかだということを突き止めたことです。

そして、400年以上経た後にガレノスがこの考えをさらに発展させ、解剖学に基づく医学体系を構築しようと試みました。彼はその著書の中で〝脳が脊髄を通じて末梢神経を支配している〟こと、そして〝病気による痛みは末梢神経によって伝えられ、末梢神経が中等度に刺激されると快い感覚を生じ、それが強く刺激されると痛みが起こる〟ことを説明しています[5]。

時代とともに変わる「痛み」のとらえ方

その後の時代の哲学者たちも痛みについて考察を重ねてきました。

近世に入り、17世紀のデカルト（1596～1650）が「心身二元論」、「身体機械論」により身体を機械として扱う思想を根付かせました。この中でデカルトは、痛みは身体で起こった変化が脳に伝わって感知するものだとしました。まさに近代医学における痛みのとらえ方に向けて一歩を踏み出したと言えるでしょう。

またオランダの哲学者スピノザ（1632～1677）は、「精神」と「身体」は、人間という一つのものをそれぞれ別の側面から見ているにすぎず、「痛みは身体の一部に限局した苦しみである」と述べています。

痛みの発生するメカニズムを科学的にとらえるようになった先駆けの一人が、19世紀ドイツの生理学者フォン・フレイ（1852～1932）です。実験により彼は、皮膚の特

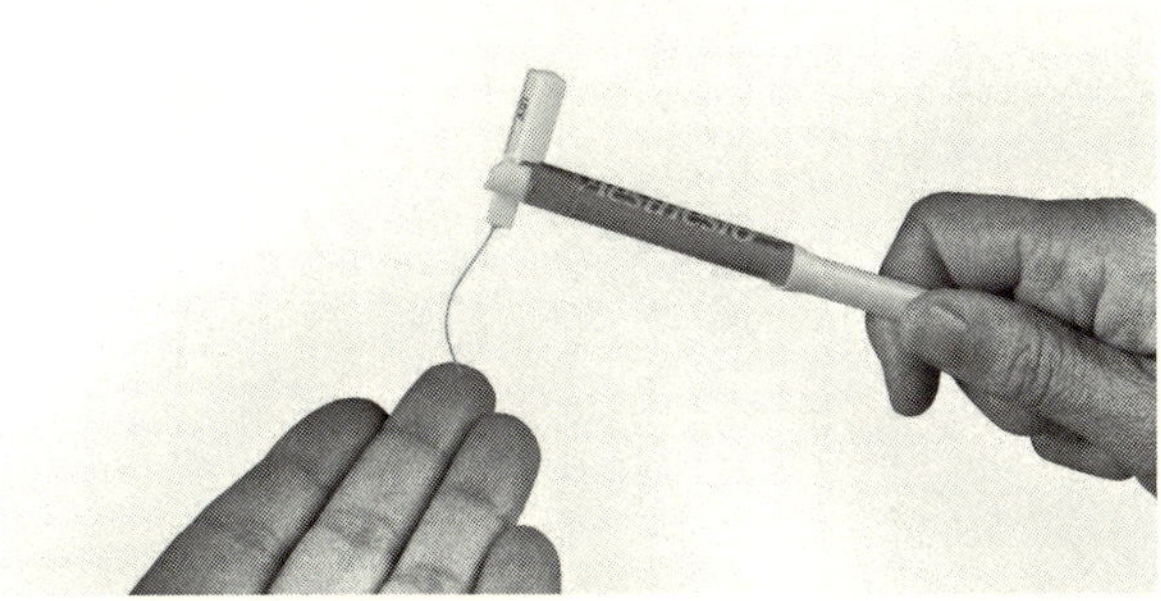

現在も痛みの検査に使われる「フォン・フレイ式フィラメント」

定の点（痛点）を刺激したときだけ痛みが生じることを発見しました。このことから、痛みとは感覚の一種であるとの認識が固まることになったのです。

その後19世紀から20世紀に入ると、痛覚の伝わる詳細な経路が急速に解明されてきますが、これについては詳しい説明を次章に譲りたいと思います。

哲学者でもう一人だけ、痛みに関する重要な見方を提示した人物を紹介しておきましょう。ウィーン出身の20世紀の哲学者ウィトゲンシュタイン（1889～1951）です。

彼は、痛みを経験している人が「痛い」と言うとき、それは単なる報告ではなく、痛みの表現であり、他者に対する行動でもあると考えました。

痛みは黙っていると他人からはわかりません。外から見ることはできませんし、ある患者が「手が焼けるように痛い」と言ってもそれは周囲から想像するしかない経験です。

そこで僕たちは痛みに苦しんでいるということを、痛いと訴えたり、痛がる素振《そぶ》りをすることで、周辺の人たちに自分が苦しんでいることを知ってもらって、何とか助けてもらおうとするわけです。痛みを専門とする医師のあいだでは、こうした行動を「痛み行動」と呼んでいます（痛み行動については第3章で詳しく述べます）。

痛みとは感覚なのか情動なのか、それとも何か別のものなのか。長い年月の議論を経て1979年に国際疼痛学会（IASP）は当時の研究状況をまとめ、痛みを「組織損傷を表す言葉を使って述べられる不快な感覚・情動体験」と定義しました。

しかし、この定義には心と身体の相互作用の多様性が含まれていないこと、痛みの倫理的な面が無視されていること（新生児や高齢者のように痛みを表現できない人々の痛みが十分に考慮されていない）などが指摘され、IASPでは2020年に定義の改定が行なわれました。

「痛み」の定義

> **「実際の組織損傷もしくは組織損傷が起こりうる状態に付随する、あるいはそれに似た、感覚かつ情動の不快な体験」**
>
> 1. 痛みは常に個人的な経験であり、生物学的、心理的、社会的要因によって様々な程度で影響を受けます。
> 2. 痛みと侵害受容は異なる現象です。感覚ニューロンの活動だけから痛みの存在を推測することはできません。
> 3. 個人は人生での経験を通じて、痛みの概念を学びます。
> 4. 痛みを経験しているという人の訴えは重んじられるべきです。
> 5. 痛みは、通常、適応的な役割を果たしますが、その一方で、身体機能や社会的および心理的な健康に悪影響を及ぼすこともあります。
> 6. 言葉による表出は、痛みを表すいくつかの行動の1つにすぎません。コミュニケーションが不可能であることは、ヒトあるいはヒト以外の動物が痛みを経験している可能性を否定するものではありません。

（日本疼痛学会訳、2020年）

「痛み」の最新の定義
――痛みとは「感覚」と「情動」の体験である

それではいよいよ現在の「痛み」の定義[6]を見てみましょう。

最新の痛みの定義は、「実際の組織損傷もしくは組織損傷が起こりうる状態に付随する、あるいはそれに似た、感覚かつ情動の不快な体験」となっています。さらに、重要な説明として六つの付記が記されています。そこでは痛みについて、生物心理社会的な要因を持つ経験としており、痛みを伝える神経の興奮のみが痛みの要因となるわけではないことが明記されています。

いかがでしょうか。「もしくは」とか「それに似た」など、ずいぶん持って回った言い回しだな、と感じられたかもしれません。「感覚ニューロンの活動だけから痛みの存在を推測することはできません」というのは、ひょっとしたら読者の皆さんのこれまでの常識からは意外に思われるかもしれません。

ほかにも、痛みの概念を学ぶとか、痛みは適応的な役割を果たす、などといった見慣れない表現が含まれていたり、ヒト以外の動物の痛みにも言及されていたりするなど、どうも「痛み」の正体を探る道のりは一筋縄ではいかなそうだ、相当奥が深そうだと思われたのではないでしょうか。

日本の痛みと医療の実態

いずれにしても、痛みはうっとうしいものです。僕も含めてぎっくり腰や五十肩で痛みに直面した人は非常に多いはずですが、これらで苦しんだことのある人にしかその大変さはわからないと思います。なんとか治れば良いものの、もし永遠に治らないということになるとその先の人生すら暗いものに思えてくるのではないでしょうか。

長引く痛みについて、国際疼痛学会では3カ月以上持続または再発する痛みがある状況を「慢性疼痛」と定義しており、世界中で推定20パーセントの人が罹患《りかん》していると指摘しています。

それでは日本の実情はどうなのか？　日本人が持っているいろいろな自覚症状について知りたいところです。これについては、厚生労働省が国民生活基礎調査で3年ごとに集計しています。その結果をみると、腰痛、肩こり、関節痛、頭痛が常に上位を占めており、腰痛に至っては国民の約1割が有しているとの結果が出ています。

病気やケガによる自覚症状

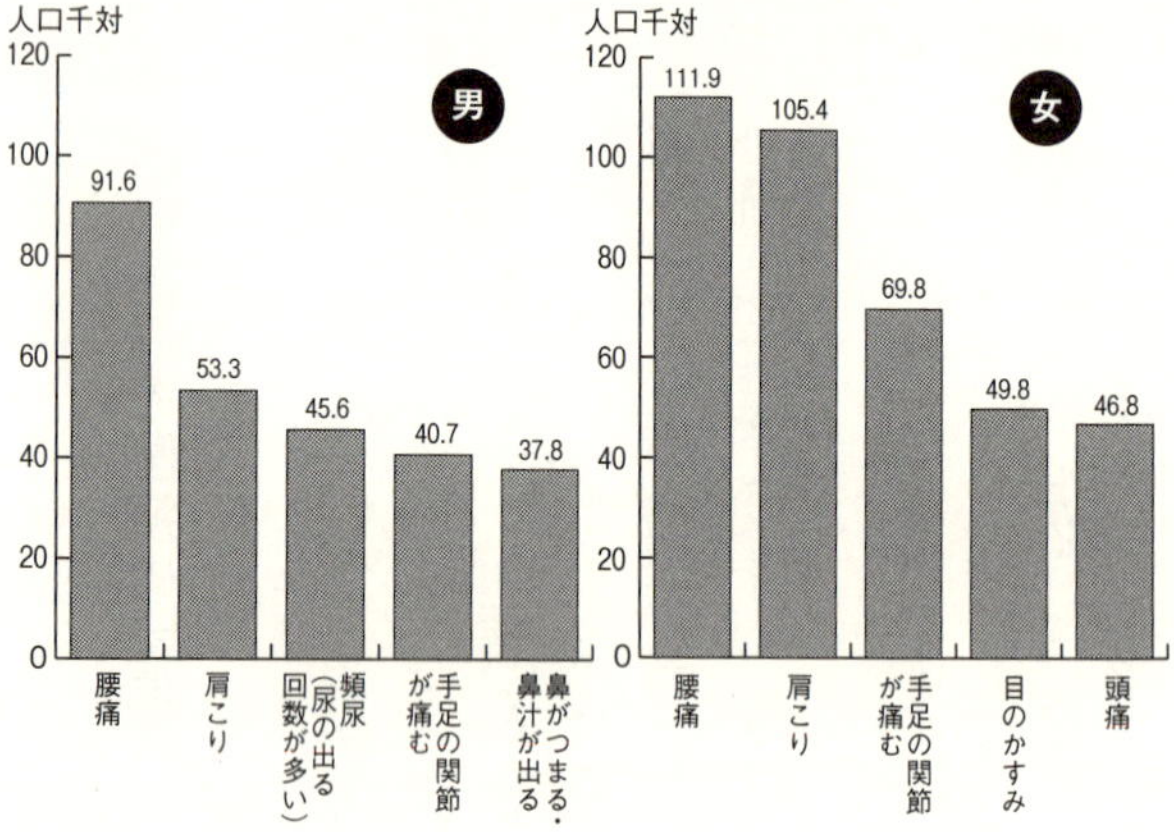

注：有訴者には入院者は含まないが、有訴者率を算出するための分母となる世帯人員には入院者を含む。
（「令和4〔2022〕年 国民生活基礎調査の概況」より一部加工）

これらの痛みがすぐ治るものであれば大きな問題はないのですが、強い痛みが長引く状態（＝慢性疼痛）になると日常生活、仕事の問題や病院への受診、ひいては家族への負担など厄介な状況になります。

このことから厚生労働省の研究班や日本整形外科学会なども調査を行なってきていますが、いろいろな調査で人口のおよそ15パーセント前後が中等度以上の身体の痛みを半年以上持っていることが明らかになっています。[7]

また、我々が過去に愛知県内で行なった調査では、痛みによって1年に1日以上仕事を休んだ人は調査人口の8パーセントであり、２パーセントは一週間以上休んでいることがわかっています。こうした調査の結果から、日本における慢性疼痛による労働損失は約１兆９５３０億円にも上ると試算されています。[8]

痛みの治療効果はどのくらい？

痛みに苦しむ人がまず頼りにするのが医療です。しかし、一万人規模の大がかりな全国調査が行なわれたところ、治療による痛みの改善について、7割弱が「改善」「やや改善」と答えていたものの、痛みが「消失」したという方はわずか0・4パーセントであり、2割程度が「不変」と答えていました。

続いて、治療に満足したかどうかという観点からのアンケートを見てみると、「非常に満足」と「やや満足」を合わせても3分の1程度であり、たとえ改善が得られたとしても痛みが残ると不満である、すなわち多くの患者さんたちが苦しんでいることがわかります。

一方、大阪大学のグループでは身体の慢性の痛みで整形外科を受診した患者すべてを精神科医が診察したところ、95パーセントの患者がなんらかの精神科病名がつく結果となったことを報告しています[9]。

これらの調査からわかることは、①長引く痛みは治療をしても完全に取り除くのはかな

治療による痛みの変化と満足度

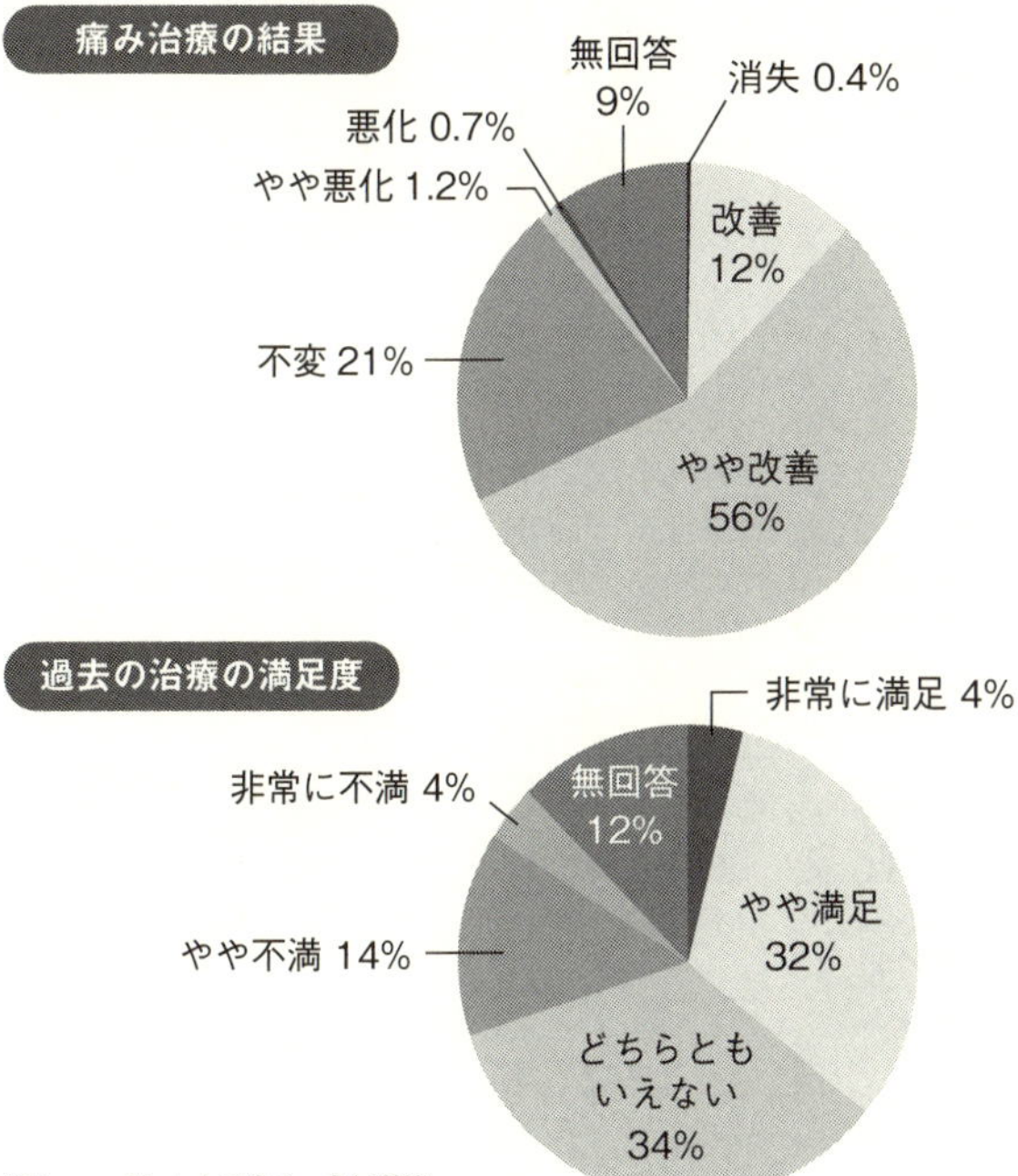

(Nakamura, M. et al.：J Orthop Sci：2011)

り困難であり、②それによって多くの人が生活の質の低下（思ったように仕事できない、楽しめない）を引き起こしている、ということです。

こうした実態を踏まえて、現在の慢性疼痛の医療は〝長引く痛みを抱えたままでも生活の質が上がるようにして健やかに過ごしてもらう〟ことを治療目標とするように変わってきており、「慢性疼痛診療ガイドライン」[10]などでも原則になっています。

言い換えるとたとえば「過度に薬に依存せず、腰痛があっても運動や仕事をして、休みには好きな趣味を行なう」といった生活を目指そうというものです。運動・体づくりによって、生活の中での痛みに対峙《たいじ》できるとのエビデンスがある（後に第5章で述べます）のでそうなるわけですが、実際に難治性の痛みに悩む患者さんからすると「こんなに痛みがあるのに運動や体づくりなんてできるわけがない」、そして「とにかく早く痛みを取ってほしい」ということになるわけです。

厚生労働省では2010年に「今後の慢性の痛み対策について（提言）[11]」を発出して、医療やそれを取り囲む社会の側から慢性疼痛を解決するための事業を展開してきています。たとえば、ガイドラインの作成やチーム医療といった医療体制の充実、あるいは痛みに関する正しい科学的情報の提供などです。とはいえまだまだ課題は多いところです。

いずれにしても、過度に薬に依存しないことは、さまざまな薬剤の副作用などで逆に体調が悪くなってしまう実情なども考慮すると大切なことだろうと思います。こうした、痛みとの向き合い方や対策については、第5章で解説します。

コラム　天気痛ってどんなもの？

「今日は寒いし天気が悪いから体の節々が痛い」だとか、「新芽の季節は調子が悪い」など、古くから天気や気候と痛みの関係についてはよく言われるところです。最近では「天気痛（気象痛）」という言葉をネット記事などで目にすることも増えてきました。これらが実際のところどうなのかは、僕たち痛みの専門医にとっても、とても興味のあるところです。

寒暖差と痛みの関係

あくまでも一例ですが、過去に愛知県尾張旭市で行なった大規模調査では、慢性の痛みを持っている人では、寒いとき・冷えたときに痛みが強くなる＝44パーセント、温かいとき・温めたときに痛みが強くなる＝3パーセント（逆に痛みが楽になる＝43パーセント）、天気が悪くなってきているときに痛みが強くなる＝

24パーセント、天気が悪い時に強くなる＝25パーセントという結果が出ました。この結果からしても、少なくともそのように感じている人は多いのだろうと思います。

これをさらに精査していくといろいろなものが見えてきます。筋肉の緊張や硬直などが痛みに関係している肩こりや線維筋痛症などでは、寒いと痛くなる傾向が50パーセント以上と強くみられました。

我々の体は皮膚の温度が下がると、まずは交感神経系が活性化して代謝を活発にすることで熱を生み出し（「非ふるえ熱産生」と呼ばれます）、体温の低下を防ごうとします。[12] それでも皮膚温が低い場合は、脳内の体温調節中枢である視床下部から運動神経を介した信号が出され、筋肉を震えさせ収縮させることで熱を起こす（「ふるえ熱産生」と呼ばれます）ことがわかっています。当然このようなシステムが働く状況下では筋緊張は強まりますから、肩こりの痛みなどが悪化することが考えられます。

その他にも、たとえば朝夕の温度差が大きいときはどうでしょうか？　サウナ室を出て水風呂に入るのを繰り返すときなどにも、僕たちの体は血管を広げたり

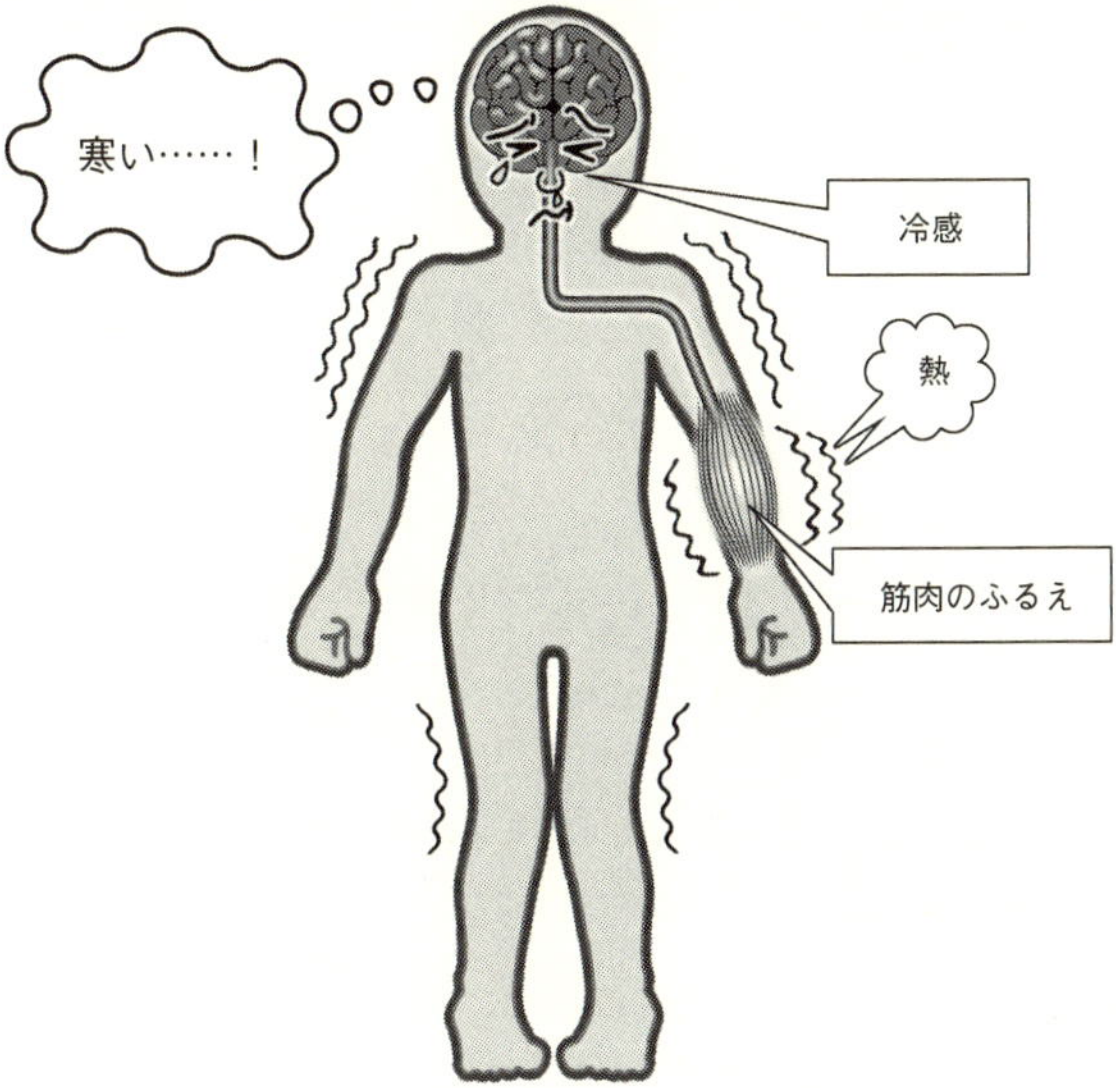

「ふるえ熱産生」の仕組み

閉じたりと大忙しです。爽快感が得られる一方で、神経系に相当な負荷がかかることも推察されます。温度差による過度な負荷は、痛みや体調不良をきたす可能性が考えられます。

さらに過酷な例ですが、冷凍庫での作業に従事する方の場合、環境に対応するために、足先の末梢血管の収縮やふるえ熱産生などの体温調節反応に加えて、血圧上昇、排尿の増加による脱水、足の末梢部の血液循環境阻害、気管支の炎症、身体の内部の温度の低下による思考力の低下、脳卒中（脳梗塞、脳出血など）、冠動脈疾患（狭心症、心筋梗塞など）のリスクが指摘されており、特に温度差の大きい夏には留意が必要と考えられます。

我々の体は周辺環境を変えられるだけで大きく変調してしまいますから、上手な温度コントロールは痛みコントロールの上でも大切であると言えるでしょう。

気圧と痛みの関係

それでは気圧についてはどうでしょうか？　これについては僕と同じ講座の佐藤純客員教授のチームがさまざまな研究成果を出しています。[13]

これまでの研究では、①人為的に痛みを生じるようにさせたラット（「疼痛モデルラット」といいます）を気圧が変えられるチャンバーに入れて気圧を下げていくと、痛みが悪化しているような行動がみられること、②ラットでは気圧を内耳で検知しているようであり、内耳の神経細胞が働かないようにすると①でみられた痛みによる行動が改善することなどを見出してきています。今後、人間でも、内耳の活動を抑えることで痛みの改善につなげられないかなど、研究する必要があると考えています。

さて、我々の患者さんたちのデータでみていくと、たとえば太平洋上で台風が出た段階から痛みや体調不良を訴える、といった患者さんも多いように思われます。

人間においては単に内耳の問題だけが気圧などによる痛みの悪化につながっているわけでなく、「また調子が悪くなりそうだ」という情報だけでも調子が悪くなるのかもしれません。これらについて佐藤先生たちのグループは、あらかじめ情報をきちんと得てもらうことで安心感につなげられないかと考え、天気痛のある人たちへの情報提供システムの整備も進めています。今後さらなる研究が進むことが期待される分野です。

第2章　「痛み」はどのようにして生じるのか

痛みの三つのメカニズム

第1章では、痛みの最新の定義について、〝ケガをしたときやそれに似たような不快な感覚と情動〟として今の医学ではとらえていることをお話ししました。

考えてみると僕たちは足などを打ちつけるとその部位に痛みがあることを生々しく経験します。そして、ケガの部分を冷やしたりするとそれが改善したりすることを知っています。そう、痛みは足から頭まで伝わって「脳」で経験しているのです。

しかし病院で仕事をしていると、そのような簡単なメカニズムでは理解しきれないケースにしばしば出遭うことがあります。ケガをしていないのに手足が焼け付くように痛いと訴える患者さんや、ちょっと触れるだけでひどく痛みを訴えたり、何もしないのに痛みで苦しんだりしている患者さんに遭遇します。

そこでこの章ではまず、痛みが引き起こされるメカニズムについて解説したいと思います。

痛みの3つのメカニズム

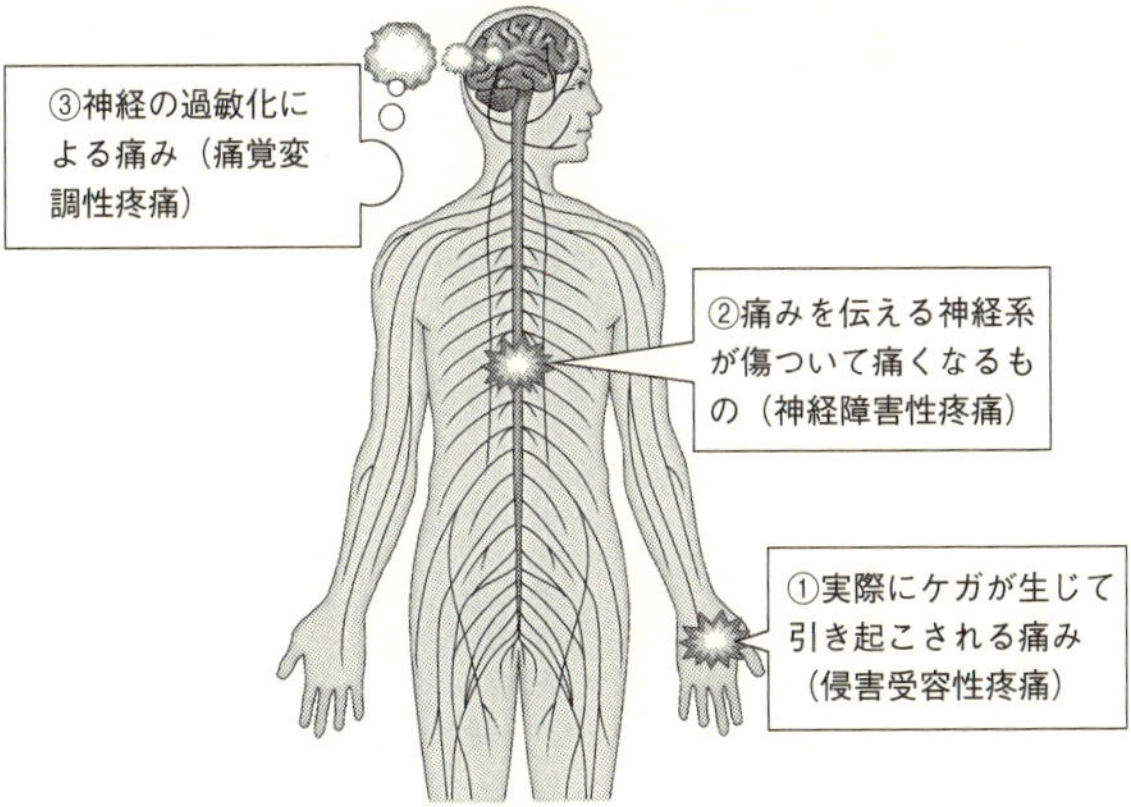
③神経の過敏化による痛み（痛覚変調性疼痛）
②痛みを伝える神経系が傷ついて痛くなるもの（神経障害性疼痛）
①実際にケガが生じて引き起こされる痛み（侵害受容性疼痛）

現在専門家のあいだでは、痛みのメカニズムについて、①実際にケガが生じて引き起こされるもの、②痛みを伝える神経系が傷ついて痛くなるもの、③脳が過敏になって痛みを感じやすくなるもの、と大きく三つが考えられています。

メカニズム①　実際にケガが生じて引き起こされる痛み（侵害受容性疼痛）

僕たちの身体には感覚を伝える神経がくまなく張り巡らされています。神経の先端部の「侵害受容器」というところでケガによる組織の変形を感知したり、ケガで壊れた組織から出てくる物質を検知したりすると、痛みのシグナルを脳に伝えるようになっています。このような侵害受容器が起点となる痛みを「侵害受容性疼痛」と呼んでいま

神経の種類による伝導速度の違い

分類	対応する神経線維	伝導速度(m/s)	髄鞘
Aα《アルファ》	骨格筋（運動神経）	70〜120	あり
Aβ《ベータ》	触覚（皮膚感覚神経）	30〜70	
Aδ《デルタ》	痛覚（皮膚感覚神経）、温度感覚	10〜30	
B	自律神経節前線維	3〜15	
C	痛覚(感覚神経)、自律神経節後線維	0.5〜2.0	なし

す。

ちなみに神経は太さによって役割分担ができています。ケガなどをすると、まずチクッとするような鋭い痛みを、その後ジーンというような鈍い痛みを感じますが、前者は髄鞘《ずいしょう》というさやのような組織に覆われた「Aデルタ線維（神経）」が痛みを速いスピード（1秒間に10〜30メートル）で伝達し、後者には髄鞘のない「C線維（神経）」がかかわっており非常に遅いスピード（1秒間に0・5〜2メートル）で伝わることが知られています。このC線維が痛みの悪循環などのキーになっていることは後ほど説明したいと思います。

メカニズム②　痛みを伝える神経系が傷ついて痛くなるもの（神経障害性疼痛）

読者の皆さんは「神経痛」という言葉を一度は聞いたことがあるかと思います。坐骨《ざこつ》神経痛や帯状疱疹後《たいじょうほうしんご》神経痛などがその代表格になりますが、これらの神経痛は僕たちの手足にある神経（末梢神経）や脊髄・脳といった中枢神経がケガや病気で傷ついて引き起こされるものです。

その際、痛みを感じる場所と実際に神経に損傷が起きている場所は、実は多くの場合一致しません。たとえば腰部の神経が傷つくと、腰は痛くないのに脚が痛くなってしまう、といった具合です。

このような神経痛を専門用語では「神経障害性疼痛」と呼んでいます。痛みを伝えたり、痛みを認知する役目を持った神経そのものが病気になったりケガをしたりして引き起こされているので、ちょっと考えただけでもなかなか厄介で治りにくい状況が生じていると言えます。

神経はほんの少しの損傷でもひどい痛みを引き起こす場合があります。また、脳や脳に近い部位での神経の障害はより広い領域の症状を引き起こします。

このタイプの疼痛に対する治療法の開発を目的に、これまでにいくつものモデル動物が開発されてきています。僕の留学していたテキサス大学では、1991年にジンモー・チャン先生が、モデル動物の腰部の神経を強く縛って神経にダメージを与えると神経痛が引き起こされることを発見しました[14]。これらのモデル動物を使って神経障害性疼痛のメカニズムの解明や新しい治療の開発が進んできています。神経障害性疼痛に対する薬物療法、ラジオ波治療、外科的治療などについては第5章で触れたいと思います。

メカニズム③　神経の過敏化による痛み（痛覚変調性疼痛）

三つめのタイプは「痛覚変調性疼痛」と呼ばれるものです。

たとえばこんな症例です。どこを調べても病気が見つからないのに、なぜかちょっと皮膚を押しただけで「痛い」と言う。近代の医学は画像や血液検査などで病態を評価して診断するため、何もないのに痛いということになると、患者さんはもちろんですが医師たちも困ってしまいます。わからないから病名を聞かれても答えられないし、当然治療法もはっきりしないからです。だからといって、これらの患者さんに「心の問題」、「あなたの気のせい」などと言ったりしてしまえば、患者さんは傷つき、医師と患者の信頼関係も破綻してしまうことになります。

しかし、そもそも考えてみると患者さんが嘘をついていない限り、当たり前ですが痛みがあることとそのものは「事実」であって、何らかのメカニズムで患者さんは苦しんでいることになります。

このような、普通は痛くない程度のことで痛くなってしまうメカニズムには脳や末梢神経の機能的な変化（一般的には過敏化）が関係していると考えられています。また本書のなかで詳しく触れますが、痛みを抑える神経系（疼痛抑制系）の機能不全や、脳内の「モルヒネ受容体」の分布の変化などとの関連も指摘されています。

痛み以外のもので想像してみるとわかりやすいのですが、同じものを見ても人はうれしくなったり感動したり、逆につまらないと思ってしまったりします。これにはそれまでの経験・体験、その時の身体状態、置かれている環境などさまざまな因子が影響していることは言うまでもありません。

実は痛みについても、過去の体験や、痛みが起こるきっかけとなった出来事の性質などによって、苦しみの感じ方は大きく変わってしまうことが研究でわかってきたのです。

まず大切なのは、僕たちの神経は体験や環境によってその機能すら変わってしまい、痛みの経験に大きな個人差が生じうることを、医療に携わる者＝医療者も患者さんも知ることです。痛みの感じ方が大きく変わりうるということは、逆に改善する可能性もあることにほかならないわけで、僕たち医療者はその点に大きな希望を感じています。

とにかく、痛みの定義の付記にあるように「痛みは常に個人的な経験であり、生物学的、心理的、社会的要因によってさまざまな程度で影響を受ける」、そして「個人は人生での経験を通じて、痛みの概念を学ぶ」ものであると改めて認識することが大切だと思います。

ノーベル賞で脚光　痛みを感じる「受容体」の仕組み

痛みのメカニズムその①「侵害受容性疼痛」に登場した「受容体」については、近年興味深い発見が相次いでいるのでもう少し詳しく説明したいと思います。

僕たちはとげが刺さった時、すねを打ったりしてケガをした時、やけどした時、痛みを経験することを子供の頃から知っています。こうした、身体に加えられる、痛みを起こすと考えられる外力や異変のことを、医学用語では「侵害刺激」と呼んでいます。

神経は電気で情報を伝えるシステムですから、侵害刺激が加えられた際に、脳で痛みを経験するための第一段階のプロセスとして、刺激を神経の電気信号に変えるシステムが必要です。

僕たちの体は枝分かれした感覚神経の先端のセンサーで痛覚などを感じ取ります。特に痛みの情報は、侵害受容器と呼ばれる神経の先端がむき出しになったような先端部（自由神経終末）で感知します。

侵害受容器には、温度侵害受容器（痛みを経験するような温度：45℃以上あるいは5℃以下に反応する）、機械侵害受容器（皮膚などに加えられた強い圧力によって活性化する）、ポリモーダル受容器（強い機械刺激、化学物質刺激あるいは温度刺激により活性化する）があります。[15]

痛みを感知する侵害受容器の総称が「痛点」です。痛点の大きさは約1ミリメートル程度で、主に皮膚の表皮と真皮に存在しています。

ヒトの全身にある痛点の数は約３００万個とされています。ただ全身に均等に分布しているわけではなく、口唇のように密度が高い部位と、臀部《でんぶ》のように密度が低い部位があることは、皆さんも体感されているのではないでしょうか。

他に、触覚を感知する受容体の種類としては、次ページの図にあるように、細かな振動を感知する「パチニ小体」、振動や皮膚の変形を感知する「マイスナー小体」、皮膚の伸展を感知する「ルフィニ小体」など、それぞれの感覚に特化したセンサーがあり、これらを用いて我々の周囲の状況を生々しく感じ取れる仕組みがあることは興味深いところです。

また温度感知については、自由神経終末で行なっています。

ということで、さまざまな侵害受容器が感覚をとらえていることは古くから多くの研究

皮膚のセンサー（侵害受容器）の種類

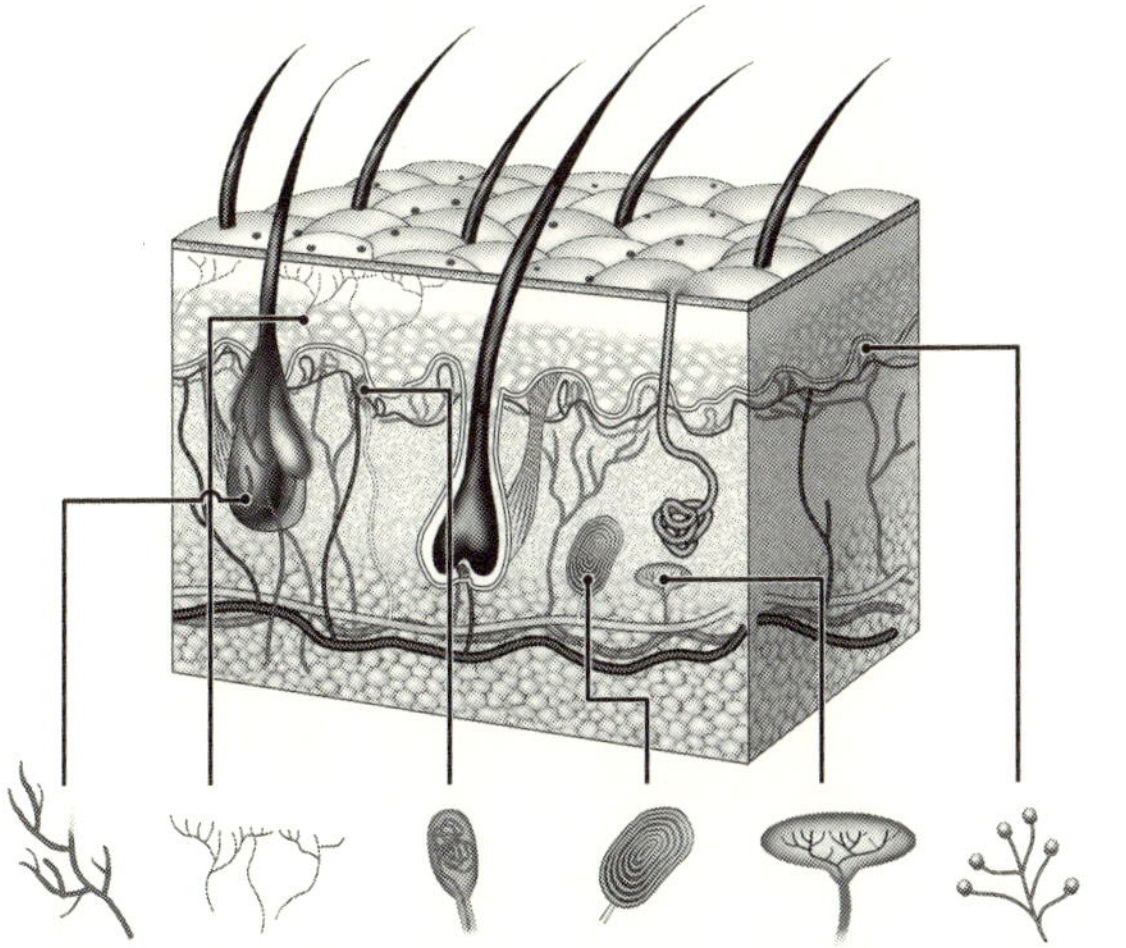

が行なわれて明らかにされてきているのですが、これらのセンサーが、たとえば温度という情報をどのようにして神経で使われる電気信号に変換しているのかは大きな謎でした。

僕自身、テキサス大学でのサルの実験で、54℃の熱刺激が足をつねった時と同じ神経を反応させることを研究でみてきたことがあります。ただこのことが、「熱い」と「痛い」とが神経メカニズム的に同義であることを意味するなどとはとうてい思っていませんでした。

唐辛子の辛みと痛みの不思議な関係

しかし1997年に発表され、後にノ

温度の受容体「TRPチャネル」の仕組み

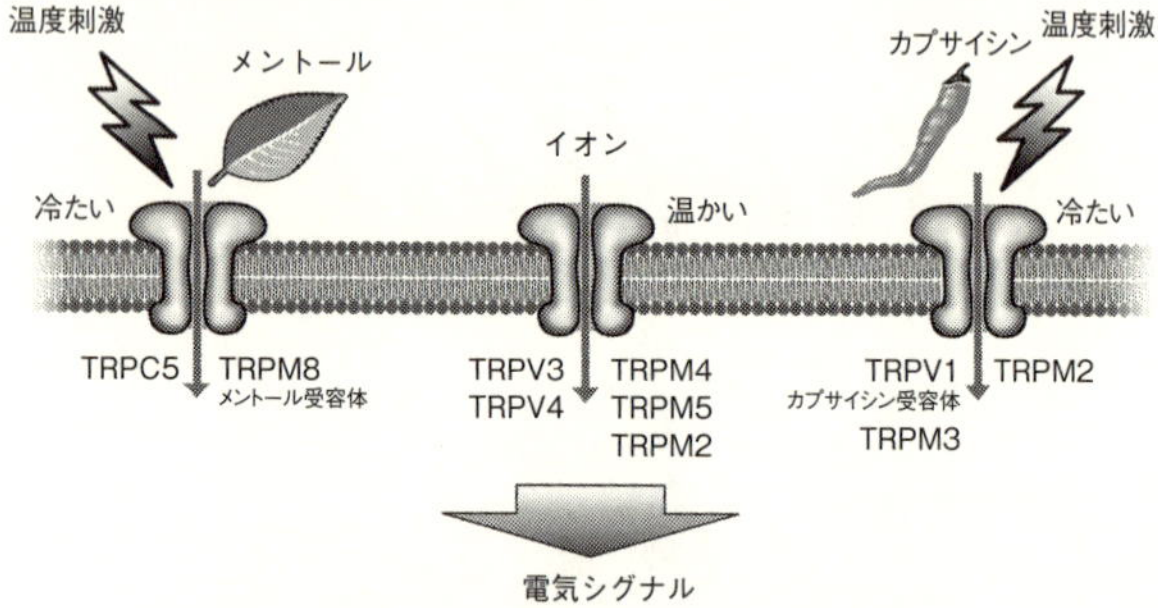

ーベル賞を獲ることになる、カリフォルニア大学サンフランシスコ校のデビッド・ジュリアス教授と富永真琴研究員（現名古屋市立大学なごや先端研究開発センター特任教授）たちの研究が、こうした疑問を解きました。

彼らは、神経細胞に発現している受容体の一つである「ＴＲＰＶ１」に着目しました。この受容体は42℃の温度で活性化するのですが、不思議なことに唐辛子の辛味成分であるカプサイシンでも活性化することを報告したのです。その後、ＴＲＰＶ１に続いてＴＲＰＭ８など、さまざまな温度で反応する受容体が次々と発見されました。

特にＴＲＰＶ１受容体については、痛みを引き起こすような状況、すなわち外傷で組織が酸性化したり、壊れた組織からＡＴＰ（アデノシン三リン酸）などの成分が出てきたりすると自ら活性化することが明らかにされてきました。

難しそうな話に聞こえるかもしれませんが、簡単に言うと

●擦《す》り傷を負う↓細胞からATPが出る↓TRPV1が活性化する↓擦り傷がひりひりする
●ひりひりするところを冷やす↓TRPV1は活性化しにくくなる↓ひりひりしなくなる
●紫外線を浴びすぎて日焼けする↓細胞外の酸性化／炎症物質の出現↓通常熱くないシャワーを熱く感じる

といった精妙なメカニズムが働いていることが明らかになったのです。
また、これによって、

●腫瘍が骨に転移する↓組織が酸性化する↓痛みが出る

といった現象についても解明の手がかりが得られたことになります。
これらのTRPV1研究は痛みの治療に大きな期待を抱かせるもので、TRPV1を制御する薬がいくつも開発されました。

僕も某国内企業での開発にかかわりましたが、健常者を用いた研究の中でわかってきたことは、ＴＲＰＶ１の阻害薬を服用すると〝熱いお茶を飲んでも熱く感じないし、熱風も熱く感じない〟だけでなく、体温が上がってしまうケースがあるということです。

これらの知見は、ＴＲＰＶ１が我々の身体の温度感覚に大きくかかわっていること、特に恒温動物としての体温制御システムに関与していることを示すものとして大変重要だと考えられます。

他方、残念なことにＴＲＰＶ１阻害薬は、いろいろな会社が神経障害性疼痛の治療薬として治験を行なったのですが、未だ良好な結果にはつながっていません。現在はＴＲＰＡ１という別の受容体関連の薬が開発されてきており、今後の発展が期待されています。

痛みの悪循環にかかわるC線維

ここまでに述べたように、神経系は、末梢組織からの感覚情報を受け取り、伝達し、脳で統合・処理することで体の機能を調整する重要なシステムです。それぞれの神経の基本構造は、ニューロン（神経細胞）を中心に構成されています。このニューロンについて、もう少し詳しく見てみましょう。

ニューロンは「細胞体」「樹状突起」「軸索」の三つの主要部分から成ります。細胞体はニューロンの核や細胞小器官を含み、ニューロン自身の栄養維持の役割を果たします。樹状突起は他のニューロンからの信号を受け取り、軸索はその信号を次のニューロンへ伝える役割を担います。

軸索には、有髄神経と無髄神経の二種類があります。有髄神経は「ミエリン鞘《しょう》（髄鞘）」という脂質層で覆われており、信号伝達速度が速いのが特徴です（42ページの表を参照）。一方、無髄神経はミエリン鞘を持たず、伝達速度が遅いですが、いろいろな刺激に反応しやすい性質があります。

この章の初めの方でご紹介したC線維は、この無髄神経の代表であり、主に持続的な鈍い痛みを伝える役割を果たすことが知られています。

C線維の痛みと神経原性炎症

C線維はその遠位端、つまり体幹から遠い側に自由神経終末と呼ばれるセンサーを持っています。このセンサーはポリモーダル（＝多様式）受容器（48ページ参照）とも呼ばれ、機械的刺激による痛みだけでなく、熱刺激、化学物質、炎症物質（ブラジキニン、ヒスタミン、プロスタグランジンなど）に応答して痛み信号を発信します。これにより、外傷や炎症、異常な環境に対して体が反応し、防御反応を示す仕組みが成り立っています。

ひとたびC線維を通じて痛み信号が脊髄や中枢へ伝達されると、逆方向に伝わることもあります。「逆行性伝達」と呼ばれるこの仕組みが、実は痛みの悪循環にかかわっているのです。

逆行性伝達によって、自由神経終末からはサブスタンスPやCGRP（カルシトニン遺伝子関連ペプチド）といった神経ペプチド（タンパク質の一種）が放出されます。これらの神経ペプチドにはその箇所の血管透過性を亢進《こうしん》させる、つまり血管内の血漿《けっしょう》成分を血管外の組織に出やすくしたり、あるいは免疫系を活性化したりする働きがあります。

するとどうなるでしょうか。皆さんは好中球やリンパ球といった名前を一度は聞いたことがあるかもしれません。これらは私たちの体が外敵と闘ううえで欠かせない存在ですが、こうした細胞（まとめて炎症細胞と呼ばれます）が血管から外の組織に出て行きやすくなるのです。

この一連の反応は、組織の修復や防御反応として生理的に重要な役割を果たしますが、その一方で、過剰に働くと痛みの増幅や持続的な炎症を引き起こします。これが神経原性炎症と呼ばれる病態です。

神経原性炎症は、痛みの悪循環の一端を担っています。自由神経終末から放出された神経ペプチドは、周囲組織の炎症反応を増幅し、その結果、さらに新たな炎症物質が産生されます。この炎症物質が再びC線維のポリモーダル受容器を刺激し、痛みシグナルを持続的に中枢に伝達するという悪循環が形成されてしまうことがあるのです。

C線維の痛みと大脳辺縁系の関係

C線維はまた、痛みの慢性化にもかかわっていることが知られています。

C線維からの痛み信号は、脊髄を経由して脳に伝達されます。これが繰り返されると、興奮性神経伝達物質（グルタミン酸やサブスタンスP）により痛み信号が増幅され、やがて、たいした痛みでなくても中枢神経が過敏に痛みを感じてしまう状態（中枢感作《かんさ》といいます）が生じます。この過敏状態が長期間続くことで、慢性疼痛が起きてしまうと考えられているのです。[16]

さらに、C線維由来の痛み信号は大脳辺縁系にも強い影響を及ぼします。

大脳辺縁系は痛みの感情的側面、つまり「不快」「恐怖」「不安」といった情動を司《つかさど》る脳の領域です。[17]大脳辺縁系の一部である扁桃体《へんとうたい》は、痛みと恐怖の記憶形成にかかわっています。痛みと情動が結びつくことで痛みの悪循環が強化されます。[18]

一方、慢性疼痛が続くとドーパミン系の機能が低下し、脳内報酬系の働きが阻害され、患者は不快感と疲労感にさいなまれます。

このように、体のSOS信号をきちんと伝えようとする仕組みそのものが、辛い慢性疼痛を引き起こすメカニズムの一端を担っているのはなんとも皮肉なことです。こうした仕組みを踏まえた対策については第5章で詳しく取り上げたいと思います。

自律神経も身体の痛みと大きく関係

ここまで痛みのメカニズムの解説に登場してきた「神経」は、いわゆる「知覚神経」と呼ばれるものですが、この節ではもう一つ別の種類の神経「自律神経」と痛みの関係について着目してみたいと思います。

改めて考えてみると、僕たちの身体のなかで、確かに自分の意志で動かしていると言えるものは、おそらくほんの一部分でしょう。

まばたきや呼吸など一部自分で意識的に行なっているものもありますが、心臓の動き、おなかの動きなどに至っては、自分の意志ではその動きを全く制御することができません。これら意識せずに自動的に行なわれている生体の機能の調節にあたっているのが自律神経と呼ばれるシステムです。

この自律神経のシステムには大きく分けて二種類あり、交感神経と副交感神経という二つのシステムについて古くから多くの研究がされてきています。

交感神経は「戦うか逃げるか」の反応を引き起こすと言われ、興奮や緊張状態を高める作用があります。たとえば、危険を感じると心拍数が上がったり、瞳孔が拡大したりするのは交感神経の働きです。一方、副交感神経は「休息と消化」の反応を引き起こし、体をリラックスさせたり、消化活動を促進させたりする役割があり、睡眠時や安静時に活発になります。そして健康な状態では、これらの神経がバランス良く作用して体の機能を最適に保っています。

さて、僕たちにとってありがたいこの自律神経ですが、そのシステムに不具合が生じると、今度はありとあらゆるところに不調が出てしまいます。

たとえばストレスや不規則な生活などで自律神経のバランスが乱れると、さまざまな不調や症状が現れます。自分は心が強いからそんな反応は出ないと思っている方もいらっしゃるかもしれませんが、決して他人ごとではありません。大体においていい加減で能天気な僕でさえ、この自律神経のいたずらのせいでえらい目にあったことがあります。

忘れもしない医師になって5年目のこと、志して留学したテキサス大学時代に毎日おなかが痛くなって、ひどい下痢に悩まされました。不思議なことに夏休みで日本に帰ると全く症状はなくなり、テキサスに戻るとまた始まるというものでした。帰国してからはそれで苦しむことはなくなりましたが、持っていた下痢止めも効かず、最後に不整脈まで出るようになった時には、もうここで死ぬのかなと思うほど苦しんだのです（僕の留学生活は少し過酷な日もあったものの、すごく楽しいものであったにもかかわらず、です）。

今から思えば、言葉も文化も気候も、それまでとは大きく異なる環境での生活に、知らず知らずのうちに自律神経が先に悲鳴を上げていたのでしょう。

自律神経と痛みの厄介な関係

さて、改めて自律神経と痛みの関係を考えてみましょう。「心拍は運動時にも上がるが緊張時にも上がる」、「発汗は暑い時にも緊張した時や怖い時にも生じる」ことからも想像がつくように、実は交感神経が優位になると、首や肩の筋肉は緊張して硬直し、それによって筋肉に痛みが生じることがあります。

こうした交感神経による緊張を緩和する方法として、マインドフルネス瞑想《めいそう》などでうまくリラックスすることの有益性が言われています[19]。

しかし実は、よく見られる片頭痛などのケースでは、仕事や試験で追い込まれて集中する時期が終わって、やれやれと安心した時に頭痛が出てくることが広く知られています。

交感神経が優位になったときの体の変化

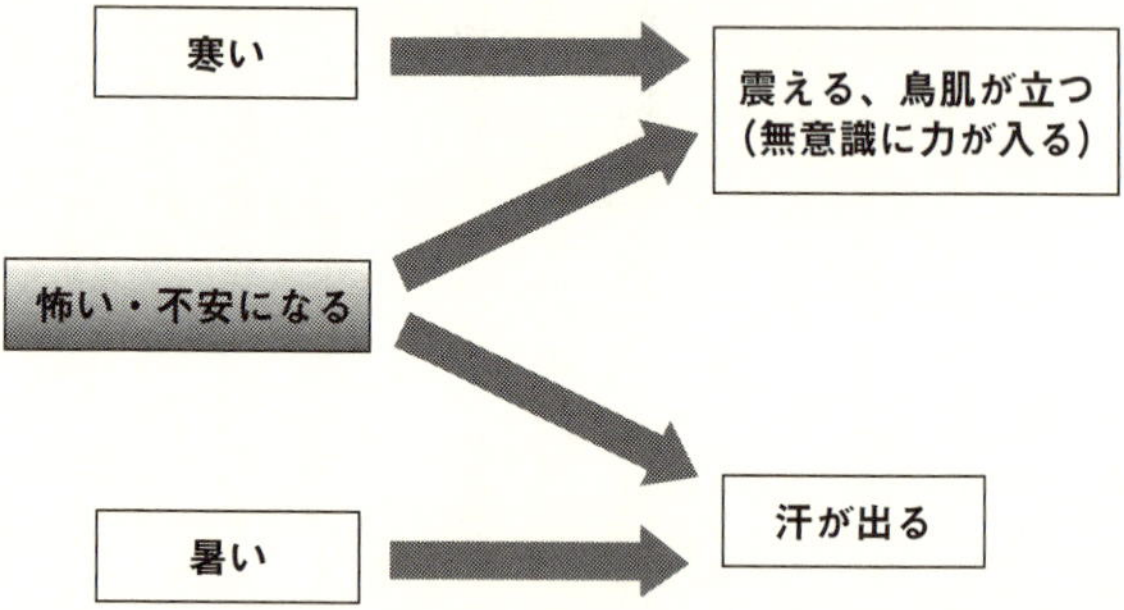

リラックスして血管が緩むことで、それが刺激になって痛みが出るためと考えられています。なかなか厄介ですね。

さらに自律神経がらみの痛みの対応が難しいのは、本人ではなく、生活している環境、つまり人間関係（家庭、学校、会社など）や気象や住居など、自分自身では変えがたい多岐にわたるものの影響が二重三重にかかわっていることです。

また、人の心や身体は自律神経の反応も含めていろいろな経験を学習しており、必ずしも最適解ではないかもしれないけれども、多様な環境変化に自動的に対応するパターンをつくりだすことがあります。それによりなんとか環境に対応していたものの、次に別の環境変化が起こると対応能力を超えてしまい、また苦しむ、といったこともあります。

それはたとえばこんな例です。以前診たある患者さんなのですが、海外の劣悪な環境で長らく単身赴任して業績を上げたエリート会社員が、帰国して部長職に昇進したとたんに頭痛や腰痛から始まる多様な痛みを訴えるようになり、結果会社をやめることになったケースがありました。

部長職の重責が原因か、単身赴任の気楽な状況から一転して家庭に縛られることになったストレスが原因なのかはわかりませんが、いずれにしても自分自身も理解できない身体の応答で苦しめられてしまったのです。

こうした、自律神経の応答をはじめとした体の反応による痛みによって苦しむ人を見るにつけ、月並みですが、人生いろいろ、社会もいろいろ、といった言葉が浮かんできます。一人ひとりが持つ個別の身体と社会環境の両方をあわせた、包括的な病態に対する最適解を得るための研究の必要性を感じざるをえません。

痛みは実在するのか？——記憶の痛みを考える

僕たちの病院の「いたみセンター」に来られる患者さんの多くが、痛みの原因を見つけてそれを取り除いてほしいと訴えられます。というのも彼らのほとんどは、痛みで何件もの病院を受診したものの、医師から「ＭＲＩでは異常ありません」とか「整形外科的には問題ありません」と言われ、薬を処方されたにもかかわらず、それが効かなくて苦しんでいるためです。

その理由の一つは、現在の医療は基本的に画像や血液検査などによって器質的疾患*、つまり臓器そのものに炎症や疾患のある箇所を見つけて診断し、治療するという流れになっているからです。そこで異常所見がなければ、正常あるいは精神心理的なものであり、自分たちの診療の範囲外ということになるためです。

一方で、患者さんにしてみると「異常でないわけはない、なにか原因があるからこんなに痛いのに！」ということになります。

そのように考えるのもある意味無理のないことです。たとえば過去にケガなどを負ったときの経験から、痛みにはそれを引き起こす原因があって、それが治れば痛みもよくなるものだ、というこれまでの人生経験に裏打ちされた確信があるのでしょう。

痛みの原因を探る試行錯誤

実は僕自身も、整形外科医として働きはじめたころは、「骨が折れているから痛い→骨接合をすれば良くなる」という経験をし、原因を取り除けば治るはずという確信を持っていました。特に自分の専門である脊椎や脊髄の領域であれば「ヘルニアが神経を圧迫しているから痛い→ヘルニアを取れば良くなる」という確固たる考えを持って手術してきたものです。

しかし実際に手術をしてみると、思ったようには改善しないケースも少なくありません。そうなると、器質的問題に焦点を当てて考える整形外科の医局のカンファレンスでは、

＊器質的疾患とは、臓器そのものに炎症や病変などがあり、その結果としてさまざまな症状が現れる病気や病態であり、検査で異常が出てくるものをいいます。

「圧迫の解除が十分でないのではないか」とか「別の圧迫があるのでは」といった意見が出て、原因探求をさらに進めていくことになります。

僕のこの考えを決定的に変えるきっかけとなったのは、後輩たちと行なっていた、痛みを抱える患者さんを対象としたｆＭＲＩ研究でした。

ｆＭＲＩとは、脳の神経活動を分析するために現在広く使われている研究手法で、脳内の神経が活動するとその周囲の血管の血流が増加することを応用しています。ちなみにこの研究手法の確立には日本人研究者が大きくかかわっています。原理となっているＢＯＬＤ（Blood Oxygenation Level Dependent）効果は、ベル研究所に在籍していた小川誠二博士が１９８９年に発見したものです[20]。

ｆＭＲＩ研究が導いた新発見

僕たちのｆＭＲＩ研究に話を戻しましょう。なんとか「痛み」というものを客観的にとらえられないかと考えていた我々は、手にアロディニア（異痛症）という疾患があり、軽く触れるだけで痛みを感じるという患者さんを対象に研究を行なうことにしました。

痛みを加えた際に反応する脳部位の特定を目指して研究していたところ、不思議なこと

視覚刺激による疑似疼痛体験

①自分の手が触られている映像を、鏡を使って患者の目の前に映し出す。

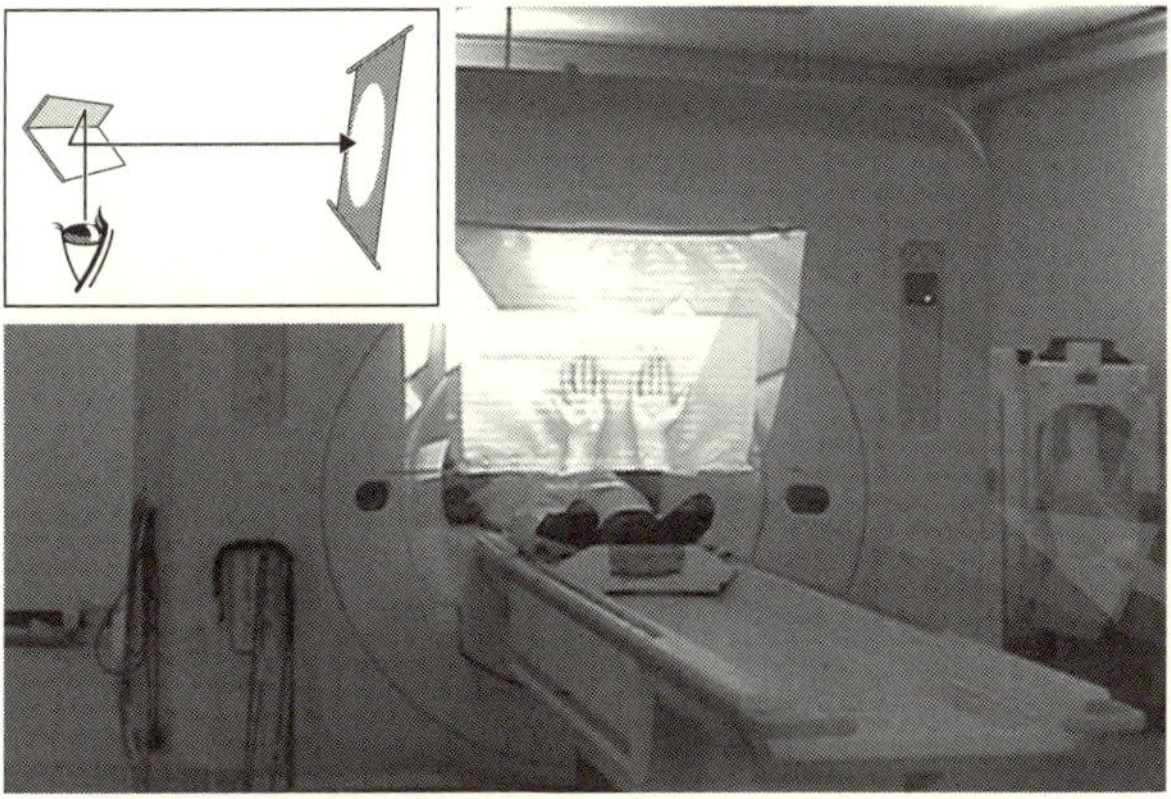

②原因不明の痛みを抱える患者（アロディニア患者）では、記憶に関係する前頭前野と、不快な情動に関係する前帯状回に強い反応が現れた。

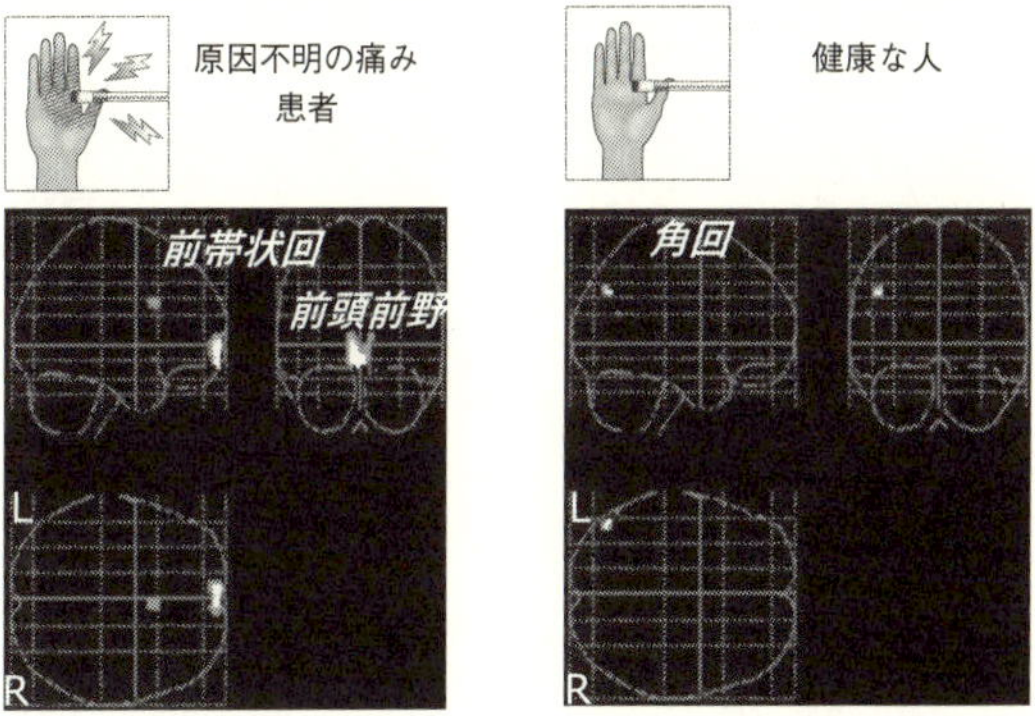

(Brain Topography 2005)

に気がつきました。というのも、これらの患者さんに痛みを引き起こす刺激を加えると、明らかに本人は痛がるのに、反応が出ると予想していた「視床」と呼ばれる部位（痛覚信号が最初に入る部分）に反応が出ないのです。

考えあぐねた我々は手法を変えてみることにしました。手を直接刺激して痛みを与えるのではなく、痛い方の手を触られている映像をＭＲＩの中で観てもらったところ、視床には反応が出なかった一方で、別の部位に強い反応が出ることがわかりました。[21] それは、記憶に関係するとされる前頭前野と、不快な情動に関与するとされる前帯状回《ぜんたいじょうかい》と呼ばれる部分です。

患者さんの中には、自分が痛いと思っているところを触られる映像を観た記憶がずっと尾を引いて、二日くらい気分が悪くて仕方なかったとおっしゃる方もいました。

その後、僕たちはさらに研究を重ね、中腰で痛そうな姿勢をしている映像を腰痛のある人にＭＲＩの中で観てもらうと、腰痛をいわば「仮想体験」すること、そして、視覚刺激による脳活動部位が、実際に腰痛患者さんに痛み刺激を与えた時に反応する部分と酷似していることを見出しました。

このことと関連するものとして、耳鼻科と放射線科の先輩と行なった梅干しを使った研

MRI装置の中で「腰が痛そうな映像」を観たときの脳活動部位

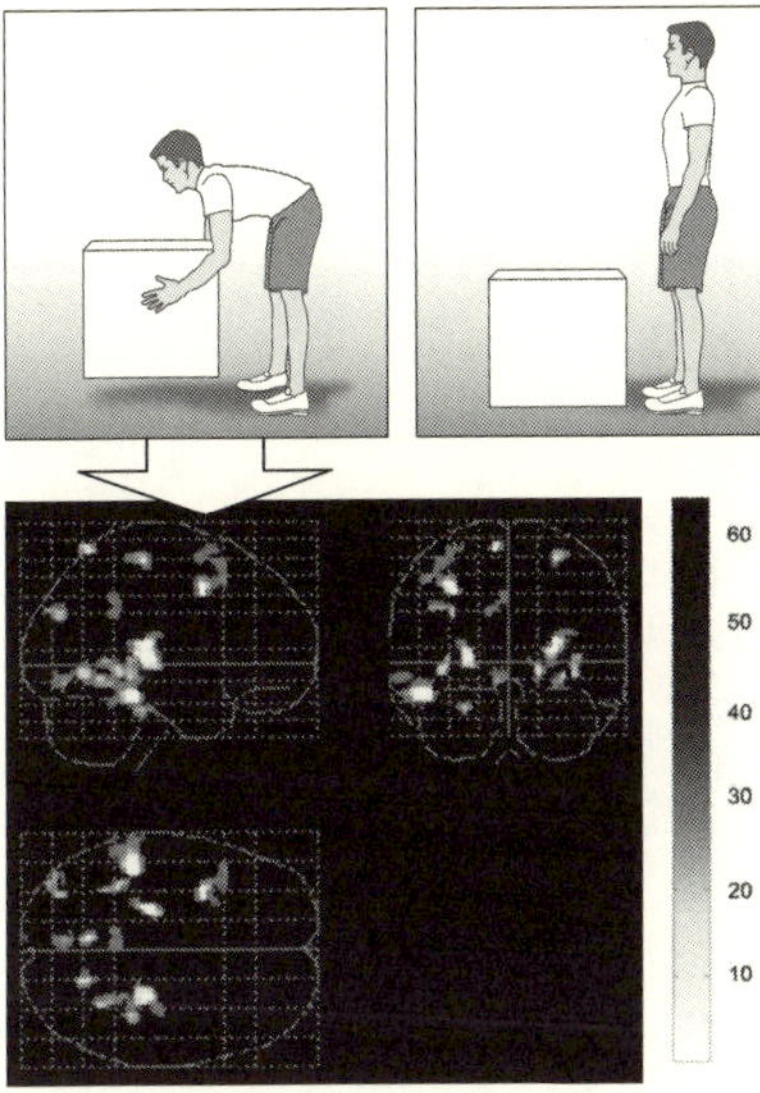

実際に腰痛患者に痛み刺激を与えたときと酷似する脳部位が活性化

(PLoS One 2011)

究があります。ｆＭＲＩの撮像をしながら、健常者の目の前に梅干しの画像を観てもらう実験を行なうと、それだけで口の中に酸っぱい感覚が出ることはもちろん、脳活動を計測すると、やはり記憶や情動に関係する部位の活動が誘発されていることが明らかになったのです。[22]

梅干しを観ただけで酸っぱい感覚があるように感じてしまうということは日本人であれば誰でも経験して

いることであると考えられます。一方で、梅干しを食べたこともない外国人には当然その反応が引き起こされません。もちろん、彼らも一度食べると同じような反応が出るようになることは想像に難くありません。

これら一連の研究が指し示すことはおそらくこうです。痛みとは不快な体験であり、それが続いている患者さんにとっては脳にメモリーされた感覚として残っているのです。たとえ検査画像や血液の検査で痛みは「実在」しなかったとしても、患者さんの脳の中に、確固たる記憶として痛みは「実在」している、と言い換えてもよいかもしれません。

記憶されている痛みをどう治せばよいのか？　今もずっと考え続けています（同様の実験で、嫌いな人とそっくりな人の写真や、あるいは歯の治療をしている写真を見たりしたらどのような反応が出るのか？　などいろいろと考えてしまうところです）。

これはたとえば、脳内に残る「心の痛み」とも言うべき「トラウマ」をどうしたら消すことができるのか？　といった課題とも共通するテーマでしょう。痛みの記憶に対する治療や最新の研究については後ほどまた改めて触れたいと思います。

脳の神経ネットワークと痛み

僕たちのところに来る患者さんはいろいろなところの痛みを訴えられます。たとえば、「朝から晩まで肛門が痛くて……寝ている時だけは良いんですが」といった具合です。

このような人たちの中には、本当に頭の中を痛みに「支配」されてしまっているような方が見受けられます。とにかく、痛い場所の痛みやその他の感覚にすごく敏感になっていて、今日は少し腫《は》れた感じがあるとかねじれた感じがするとか、いろいろな身体感覚を訴えられます。

そこまで行かないにしても、皆さんも、身体のある部位に注意を向けると、そこが意識にずっと浮かび続ける、という状態を経験したことがあるかもしれません。たとえば足に意識を向けると、普段は気にならないような靴下のしわが気になって仕方なくなる、といったものです。

もしこれを一日中やっていたらどうなるでしょうか？　先ほど紹介したお尻の患者さん

の例に戻ると、まず目覚めた瞬間にお尻の状態を確認することから始まり、日中もことあるごとに確かめる作業を繰り返しているわけです。

そうすると、いわばその部位に詳しい〝エキスパート〟のようになってしまって、普段無視していた微妙な感覚まで感じられるようになってしまうのです。もちろん、痛みがあるとどうしても、身体のその部分に意識が行きやすいのでそうなるのだろうと思います。

脳が痛みを感じやすくする⁉

このような状態について、近年の脳科学研究では「脳内ネットワークの障害」があることがわかってきています。

僕が留学をしていたノースウエスタン大学のバニア・アプカリアン教授のチームは、僕たちが何かに集中せずにボーッとしているとき活動する「デフォルト・モード・ネットワーク（DMN）」という神経回路が、慢性疼痛患者では過度の活動状態になっていること、そしてその影響で一部の脳の部位が小さくなってしまうことを明らかにしています。[23]

さらに彼らは、新たに腰痛になった人の脳のネットワーク解析を行なった結果、1年後に腰痛が続いていた群では、当初から「内側前頭前皮質《ないそくぜんとうぜんひしつ》」と「側坐核《そくざかく》」という脳の部位の間の機能的結合強度が高かったことを明らかにしてきています。[24]

内側前頭前皮質は恐怖を含む情動や衝動性を抑え込む部位、側坐核は痛みの抑制にかかわる役割を持つことで知られていますから、まだ仮説レベルではありますが、この結合は、脳の中で痛みを過度に感じやすくなるような変化が起きていることを意味しているとも考えられます。デフォルト・モード・ネットワークとの間のかかわりなど今後も検討していく必要があります。

現時点で僕が経験してきていることは、薬物治療が効かない非常に強い慢性疼痛で悩んでいる患者さんが、手の骨折などをすると嘘のように痛みが改善し、また骨折が治ると痛みが出てくること、あるいは骨折でなくても、がんの疑いがかかった患者さんでは同じように改善したりすることです。また、不思議なことに骨折やがんの痛み自体には薬剤が効果的であることが多いです。

さらに別の例では、長年旅館を仕切っていた女将《おかみ》が、仕事をお嫁さんに引き継いだところ腰痛が出てきて困っている、とのケースがありました。よく話を聞いてみると、その痛みは高級デパートに行くとなくなるとか……。旅館を切り盛りすることや、デパートのウインドウショッピングに意識が向いている間は、痛みについて忘れることができているよ

うなのです。

これらの現象を九州大学の細井昌子医師は「スクリーンセーバー理論（コンピュータがはたらいていないと現れる動画）」という言葉で説明しています。少なくとも、何か別のタスクに脳を使っている時に意識に上がってこないような痛みは、記憶や癖などに関連している可能性が高いのです。こうしたケースで効かない薬を投与し続けることは、決して患者さんのためにならないのではと思います。

脳と心、そして痛みの関係について、次の第3章でさらに掘り下げていきます。

コラム　脳をだますと痛みを感じる!?
――サーマルグリル・イリュージョン現象の不思議

ここまで見てきたように、痛みとは、手足の末梢→脊髄→脳と伝言ゲームのように情報が伝達されて経験するものです。手足からはたくさんの情報が常時脊髄に伝達されていて、脳はそれらの情報を受け取って処理し、さまざまな情報を統合したうえで「痛み」として感じることになります。

では、僕たちの脳を「だます」ことで、実際には痛くないはずのものを痛いと感じさせることはできるのか？　実はできます。「サーマルグリル・イリュージョン（錯覚）」という有名な実験がそれです。[25]

冷たくて触っても別に痛くないバー（18℃くらい）と、暖かくて触っても痛くないバー（40℃くらい）とを次ページの図のように交互に設置します。そしてこれらのバーを同時に触ると、非常に不快な「焼けるような」痛みとして感じられるという不思議な実験です。

「サーマルグリル・イリュージョン（錯覚）」の実験

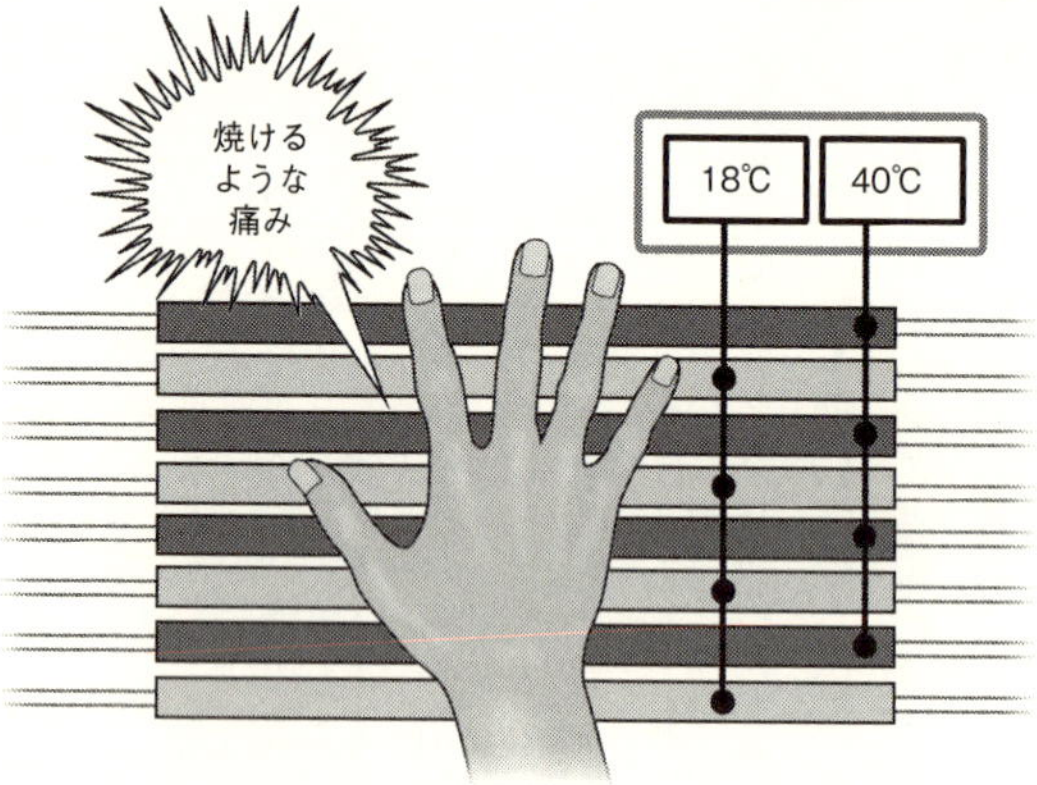

なぜ痛みを感じるのか？　メカニズムとしては、温度感覚の競合、すなわち冷感受容体と温感受容体が同時に刺激されることで、脳が混乱し、誤って痛みの信号を生成しているのではないかと考えられています。

痛みや五感は多段階合成される

考えてみると、人間が持ついろいろな感覚は、そもそも多段階に合成されて経験していると言えそうです。

たとえば、僕たちの目には赤・緑・青を識別する細胞しかありませんから、それらの情報から色を合成する→景色や人として認識する→美しいと感じる、あるいは、皮膚の触覚や圧覚からの情報→これは風であると認識する→清々しい・快適であると感じる、といった具合です。

僕たちはケガなどをして痛いところができると撫《な》でたりさすったりします。これも、そうした触覚情報の入力が脳に伝わって、痛みの感覚と多段階合成され、別の感覚に置き換わることを利用しているのではないかと考えられるのです（199～200ページの「ゲートコントロールセオリー」も参照）。

このように、痛みの経験の中でやはり脳の役割は非常に大きいことがわかっています。西宮協立脳神経外科病院の小山哲男医師と米国ウェイク・フォレスト大学のロバート・コグヒル准教授は、思い込みと痛みに関する共同研究を行なっています[26]。

彼らは48℃の刺激を予期させる条件刺激の下で実際は50℃の温熱刺激を与えると、（わずか2℃の差にもかかわらず）50℃を予期させていた場合に比べて被検者全員が痛みを軽く感じ、その程度は個人により10～48パーセントも減っていたこと、そしてその際の脳活動も弱くなっていたことを報告しています。

つまり、前もって痛みが小さいと思い込むことは、実際に体験する痛みを和らげる効果が、脳神経科学的にもあることを示しています。このことを臨床に応用すれば、これから受ける処置はあまり痛くないこと、十分に耐えられるものであることを患者さんにあらかじめ伝えておけば、痛みの感じ方は軽減される可能性があることもうかがい知れるのではないでしょうか。

第3章 「痛み」は心が作り出す?

スティグマと慢性疼痛

ここで少し違った角度から痛みについて考えてみたいと思います。[27]

人は誰でも、ほぼ無意識のうちに自分と他人、あるいは仲間とよそ者を区別します。これはどの社会でもよくみられる現象であり、子供と大人、男性と女性、日本人と外国人、運動神経の良い人と運動音痴の人、勉強の得意な人と苦手な人などさまざまなパターンがあります。

さまざまな区別は社会として必要な場合もありますが、これら個人の持つ特徴によって区別されることがネガティブに取り扱われる場合、こうした特徴は「スティグマ（烙《らく》印《いん》）」と呼ばれます。

医療の領域でのこの課題に目を向けると、健康と病気、健常者と障害者、良性疾患と悪性疾患（がん等）、身体疾患と精神疾患、事故の加害者と被害者といったさまざまな区別があります。これらの区別によって、患者自身だけでなく家族、医療者や周囲の人も、悪意がなくても行動に変化が引き起こされることがあります。このスティグマと痛みの関係についていて少し考えてみたいと思います。

自己スティグマと痛み

まず、患者自身が自らに引き起こすスティグマである「自己スティグマ」についいて見てみます。実はこの自己スティグマには僕たち医療者が大きく関与しています。

最も多く見る例は腰の「椎間板ヘルニア」です。腰が痛くて病院に行ったらMRIを撮られ、椎間板ヘルニアが見つかったというパターンです。その際にどのような説明を受けたかによって、実は患者のその後の行動は大きく変わるのです。

たとえば医師から深刻な顔で「このままゴルフなんかして椎間板ヘルニアが悪くなったら歩けなくなりますよ」と説明を受けた場合と、医師が自信を持って安心した顔で「ヘルニアはありますけど、何とかなりますからあまり痛くならない程度に動いていてくださいね」と説明を受けた場合とではどうでしょうか？

たとえば不安症の患者であれば前者の説明で過度の安静や不眠などを引き起こし、直後からインターネットを検索し自分の病気に関係する怖い記事を見る行動をとることでさらに不安になる……という悪循環に陥ることになります。

一方的なラベリングには要注意

さらに厄介なのが社会（他者）からのスティグマです。医療においてはどうしても〝医療者が上、患者が下〟という図式になりやすいものです。この患者はこのような治療をしないといけないが、精神科疾患の○○病だから言うことも聞かないのでだめだ、といったもの。あるいは、この人は生活がだらしないから糖尿病になったのは自業自得だ、などという医療者もいたりします。

僕の知り合いの方に、若い頃から運動が好きで、主婦になってからも積極的に地域のスポーツ教室などで活動していたものの、（遺伝との関連性が高いとされる）2型糖尿病を発症してから運動がだんだんとできなくなった方がいます。

自分はいくら運動しても無駄なんだ、と烙印を押されたような気持ちになり、だんだんスポーツにも身が入らなくなってしまったのだと言います。せっかく続けていた健康習慣がスティグマをきっかけに損なわれてしまうのでは、まさに本末転倒と言えるでしょう。

糖尿病にしろ、精神科疾患にしろ、すべての病気・疾患は遺伝子や社会環境をはじめさまざまな要因で引き起こされたものです。慢性疼痛の領域でもさまざまな病気があり、いずれもスティグマにつながる可能性があります。

たとえば線維筋痛症は脳などの神経が過敏になり、体のあちこちに強い痛みを訴える病気ですが、現在病院で行なわれる検査では、血液検査でも画像検査でも異常は見られないため、一般の医師は「精神的な問題だろう」と言って相手にしてくれないことが多いのです。

この病気と診断されたことで、苦しんでいる方を多く見てきました。誰も好き好んで病気になっているわけではありません。

もちろん、医学は科学であり、治療するために診断を行ないカテゴリー分け（＝ラベリング）するのは非常に大切なことです。ただ、そのラベリングの際に、自分たちのステレオタイプな考えや偏見、それに基づく上から目線の対応まで押し付けてしまうのはいかがなものかと思います。

医療においてどのような目線でいるのか、とりわけ患者と同じ目線に立つことは重要です。特に臨床現場においては患者さんが低姿勢になる一方、医療者は「先生」と呼ばれ本人も意識しないうちに上から目線になってしまいがちなので、重々考慮して患者さんには対応すべきところだと言えるでしょう。

社会の理解も重要

一般社会の理解も重要です。痛みの話からは少し離れますが、僕自身は障害者という言葉は、「あなたは健常ではない」、「健常者から区別されるべき存在である」ということをスティグマさせる言葉につながるところがあるので正直なところ好きではありません。どうしても人を見下した表現の一つに感じてしまうからです。

もちろん、障害者福祉法をはじめとして、心身の不調で困る人たちが健やかに過ごせる社会を作るための方策は必要であり、このルールを作られた先達の方々には敬意を示したいと思います。

一方で、障害者手帳を持つことで、さまざまなサービスを受けることができるけれども、障害者という自己スティグマにより自立への意欲が損なわれたり、自信をなくされたりする方がいるのもまた事実です。スティグマは自分や他人の考え方や行動を変えるものであり、従ってスティグマに関連する問題については人間の本質を理解したうえで考える必要があります。

そもそも人は生まれたときから別の人（個体）とは異なる特性を持ち生きてきた唯一無二の存在です。すなわち誰しもちょっと普通ではない（だいたい教授とか医者とかは変わった人が多い）からして、少なくとも自分たちがかかわる医療における、スティグマに関連するラベリングについては、差別的なとらえ方としてではなく、敬愛に基づき個性・特性を活かすための手法として用いられることが望まれると考えています。

むち打ちの痛みを考える

皆さんは交通事故にあったことはありますでしょうか？　僕の住んでいる愛知は自動車県だからかもしれませんが、僕たちの研究では、二七〇〇人を調査したところ、その三分の一が交通事故を経験し、そのさらに三分の一が首の痛みを経験し、さらにその三分の一が痛みがなかなか取れずにいるという結果が出ています。

さて、このむち打ち症（いわゆる頸椎《けいつい》捻挫など）が日本で初めて注目されたのは、高度経済成長期の1960～70年代だと言われています。自動車の普及とそれに伴う交通事故の増加により、むち打ち症の患者が増え始めたとされていますが、当時はＭＲＩなどもありませんから、むち打ち症はX線検査などで明らかな骨折や脱臼が見られない限り、特に深刻な問題としては扱われていなかったようです。

しかし、1980年代に入ると、むち打ち症の症状や影響が研究され、同時に神経学的、心理学的な要因も関与していることが明らかになりました。

さらに1990年代には事故の後遺症としてのむち打ち症に対する補償問題や訴訟が増え、社会的な注目を集めるようになり、原因や症状の仕組みに関する研究も活発に行なわれています。

「むち打ち」とは何なのか

そもそもむち打ちとはどのようなものか。その物理的な損傷メカニズムについては、事故の際の急激な首の動きで、首や肩周辺の筋肉や靭帯《じんたい》が過度に伸びるなどして筋肉の痛みや炎症が生じたり、頸椎の関節、椎間板などが損傷したりして痛みが生じることが指摘されています。

また、これらに伴って、神経が圧迫されるなどして手や腕にしびれや痛みが生じることや、衝撃が脳を頭蓋骨内で揺さぶることで軽度の脳損傷や脳震盪を引き起こすことも指摘されています。一方で、この種の事故の外力は首の骨折にまで至ることはまれであることも知られています。

一方、物理的な問題とは別に、非常に興味深い研究が存在します。

たとえばリトアニアやギリシャではそもそも「むち打ち」にあたる言葉がなく、その症状の概念そのものが存在しないのですが、これらの国では、事故後の症状が速やかに改善することが多数報告されています。[28]また、世界で最も信頼されている医学雑誌の一つ《ニューイングランド・ジャーナル・オブ・メディシン》に掲載された論文では、カナダではむち打ちの痛みと苦痛に対する補償がなくなることにより、むち打ち症の発生率の低下や予後の改善につながったことが明らかになっています。[29]

一方、ドイツではむち打ち症に関する医学的および社会的認識の高まりをきっかけに、追突事故に巻き込まれると、多くの人々が3～4週間の痛みを訴えることが広まりました。こうして、持続性のない短期間のむち打ちの疾患概念が定着し、訴訟も含めて保険制度の財政構造にまで影響するに至っています。とはいえ、ドイツではむち打ち症による持続的な障害についての心配はされておらず、研究でも6週間後には治療群と健康なコントロール群が同じ症状であることが明らかとなっています。

なぜむち打ちの痛みは続くのか

むち打ちのメカニズムは、器質的な面も含めて、これまで多く議論されています。すべてが以下で説明できるわけではないかと思いますが、どうしてむち打ちの痛みが出るのか、あるいは続くのかを考察すると、次のように考えられます。

衝突事故の被害者は事故後何らかの症状が出る可能性を知っていることで、症状に対して過敏になり、当然の結果として慢性の痛みを探す行動を行ないます。その際、日常生活ではほとんど無視していた、以前は邪魔にならなかったような痛みが、衝突後ははるかに気になる存在になります。

患者はそれを新しい症状とみなし、直前に起きた衝突のせいだと考えます。そして、生活上の痛みやうずき、ストレス、職業的原因、薬の副作用、患者が通常の活動から離れることによって生じる不適切な姿勢や体力の変化などが相まって、さらなる痛みや不快な症状が生じる可能性がある——というわけです。

さらに、本邦のむち打ち症について考えてみると、保険との間には切っても切れない関係があります。

読者の皆さんはご存じないかもしれませんが、交通事故でケガなどをして病院にかかった場合には普通の保険は適用されません。損害保険会社が支払う保険が適用され、一般的には通常の医療費の2倍を病院側は保険会社に請求することになります。

また、患者側にとっては、仕事を休んで病院を受診したことも損害保険の補償支払の対

居住地ごとにみた医療費

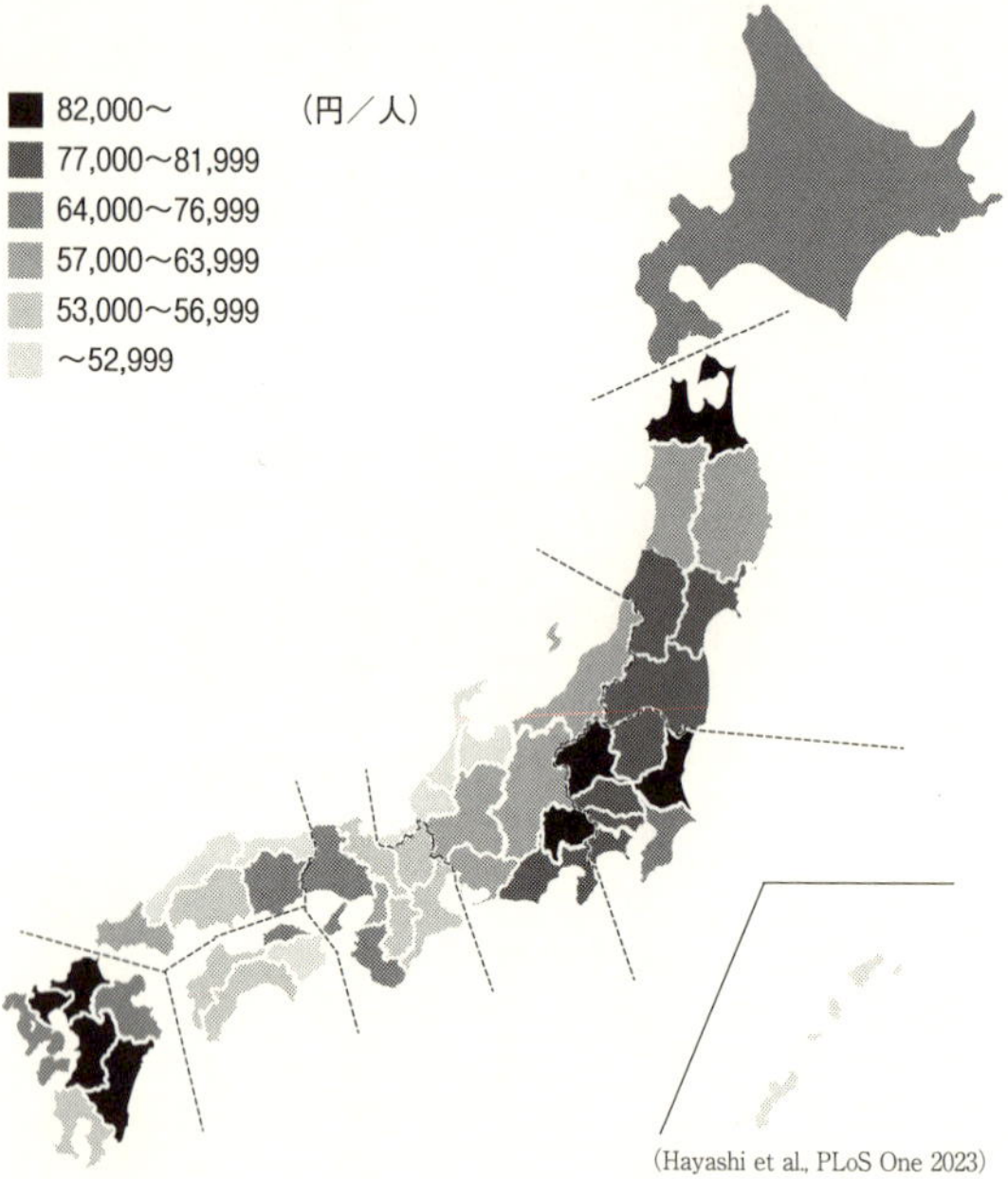

(Hayashi et al., PLoS One 2023)

象になります。これらが人の行動にどう関連しているのかは興味深いところです。ちなみに近年の研究では、相手車の排気量、事故の様式といった要素は、医療費との間に相関関係はないことが明らかになっています[30]。

一方で医療費の金額は、都市部に住んでいるかどうか、といった意外な要素とも相関関係がある傾向があり、なかでも、高い失業率、交通事故の発生件数が多い、交通事故の死傷者数が多い、といった都道府県では、高額の医療費を示す傾向がみられました。右ページの地図からもわかるように、非常に地域差が大きいことがわかります。

これは、おそらく事故に限らずですが、医療者も患者も（良い意味、悪い意味を含めて）何を期待し、どのように病名や症状を受け止め、どのように症状に焦点を当て、（自らあるいは他者が）どのような属性付けをするかによって、行動が変わり症状も変化することを示唆しています。これによって、まったく新しい身体的問題が生じ、さらに、不安、抑うつ、代償システムなどが加わると、長引く痛み＝慢性疼痛症候群が形成されることも医療者は考えに入れないといけないと思います。

子供は親から痛みを「学習」する？

我々は子供の頃からさまざまな痛みを経験してきています。その人がどれだけ痛みに恐れおののくかについては、これら過去の「痛みの経験」から学んできたことが大きく関与すると考えられています。

このことに関連して、尊敬する丸田俊彦先生（元メイヨー・クリニック医科大学精神科教授）が書かれた『痛みの心理学』[31]の中で「ソーシャル・リファレンシング」という概念が取り上げられていますので、その内容をかいつまんで紹介したいと思います。

よちよち歩きの幼児が遊びに調子に乗りすぎてテーブルに頭をぶつける。びっくりした幼児Aはそこで遊ぶのをやめ、母親を振り返る。あたかも「この頭の感じは何？　泣いたらいいの？　それともママのところに駆けて行こうか？」とでも尋ねるようにふるまう。

その際、母親が大丈夫そうな顔をして微笑んでいれば、幼児Aは安心して遊びを続けるであろうし、母親が真っ青な顔をして駆け寄れば幼児Aは何事かと思って泣き出すかもしれないということである。

すなわち、これらの一連の行動の中で、乳幼児は痛みの体験を社会・社交的現象としていかにとらえて行動するかを決定する際の参照先（＝ソーシャル・リファレンス）として母親を利用していると考えられています。母親の反応によって「痛み」の持つ意味を初めて学習する、と言い換えてもよいかもしれません。

このことに関連しての動物実験も存在します。生まれてから成熟期までオリに入れて育てることで、外傷やそれに関連するソーシャル・リファレンスを奪われたテリア犬は、炎を見るとその中に鼻を突っ込むことを繰り返したり、足を針で刺されてもされるがままになったりするとのことです（もちろん、普通に育てられたテリア犬は炎や針を見ると逃げ出す行動をとります）。

人生経験が「痛み」に与える影響

さて、少し別の観点から、乳幼児研究者のダニエル・スターンが報告している生後18カ月の乳児の母子交流研究を紹介しましょう。[32]

大きめのソファーに母親がタバコをふかしながら座り、その隣で18カ月の男の子Bが哺乳瓶から何かを飲みながらジャンプを繰り返している。飲み終わると男の子はボトルを床に放り出し、母親の膝をめがけてジャンプしようと身構える。

その瞬間、母親は男の子の方を見ることもなく大きな声で「ソファーの上でジャンプするなって言ったでしょう」という。そうするとその直後、男の子Bはジャンプの姿勢を解き、ソファーから降りる。しばらくして母親の方に前方から近づきながら母親の膝に手を回すがすぐに引っ込める——というものです。

このようにして育てられた子は、将来、親密な身体接触を持つことに無意識のうちに葛藤を抱くようになることが想像されます。

このように、幼少期に起こった現象が、言葉にされたり意識に上ったりすることこそないものの、明らかにその時点での、そしてそれ以後における他人との関係の持ち方を規定することになることを「関係性をめぐる暗黙の知」と呼んでいます。

親にさえ自然に甘えるのを許されないことを強要されれば、他の人との関係性の構築に変容をきたすことが考えられますが、ここにさらに家庭内の虐待などがある状況が加わったらどうでしょうか？　もしかしたら「痛い痛い」と子供が訴えたら、その時だけは親が許してくれる、といったこともあるかもしれません。そこでは痛みが、身の安全を担保してくれる「善きもの」になってしまうことすらあるのです。

このように僕たちは、これまでの人生で学んできたことを常に参照しながら、他人との関係に基づき自分の行動を選択します。少し違う角度から見ると、痛がったり泣いたりする行動はしばしば周囲の行動を変容させる手段として使われている側面もあるわけで、周囲の人の反応が、痛みを訴える患者さんの行動を助長することもあります。

前述の丸田先生はご講演のなかでいつも「医療者は痛み行動に対してニュートラルにふるまうようにしないといけない」と説いておられました。全くその通りで、痛み行動に医療者が必要以上に振り回されて、誤った判断や過剰な治療をしないことは大切だと思います。

一方で僕自身は、医療者などがうまく患者さんとの関係性を築いていくことで、慢性化した痛みに苦しんでいる患者さんが再び歩み出していくために背中を押すことができるはずであると考えています。

「痛み」と「痛み行動」の違いとは

痛みは自分が経験する不快な感覚と情動の体験であり、他人からはわからない主観的なものです。一方で、我々は痛いと必ず何らかの反応を起こします。ある人は〝痛い〟ことを医療者や家族に訴えることもあるでしょう。また痛いので動かずにじっとしてしまうこともあるでしょう。

このような反応（＝行動）のことを「痛み行動（疼痛行動）」と呼びます。疼痛行動は周囲に自分が痛みを持っていることを知らせるためのサインとして使われますが、本人たち自身も気がつかないところで悪循環を助長し症状が悪化してしまうケースもあります。

なぜか痛みが改善しない

40代後半の女性Cさんは看護職で働いています。数年前から更年期が始まり、同時に首と腰の痛みが出てきています。調べてみると首・腰には加齢に伴う関節変形があることがわかりました。

職場の病院の仲間も気を遣ってくれて、週に数回は仕事を早めに切り上げさせてもらい、リハビリで温熱療法とマッサージを受けています。家族はとても優しく、特に夫はCさんの代わりに食事や家事を一手に引き受けています。大学病院の整形外科の専門医に通っており、痛みが少しでも改善するようにと、モルヒネ系の薬などを使っているのですが、痛みの改善はほとんどみられないということです。とうとう杖《つえ》まで使わないといけないようになってきたため、僕のところに紹介されてきました。

50代中頃の女性Dさんは、背中から腰にかけての強い痛みが1年ほど前から出てきたとのことです。原因のわからない痛みの患者さんがいるからということで県内の病院の先生から紹介されましたが、受診日はストレッチャーで夫に付き添われて来院されました。

念のために診察と画像検査を改めて行ないましたが、年齢相応の変化以外の所見を見つけることはできませんでした。聞いてみると年上の夫が今年で定年で、食事や身の回りの世話はすべてやってくれるようになったとのことです。最近では、腰の痛いDさんがベッドにいる時でも上向きでテレビを観ることができるよう、天井からテレビを吊り下げる工夫まで自ら手掛けているとのことでした。しかし、痛みはいよいよ悪化してほぼ寝たきり

「痛み行動」があると環境から抜け出しにくくなる

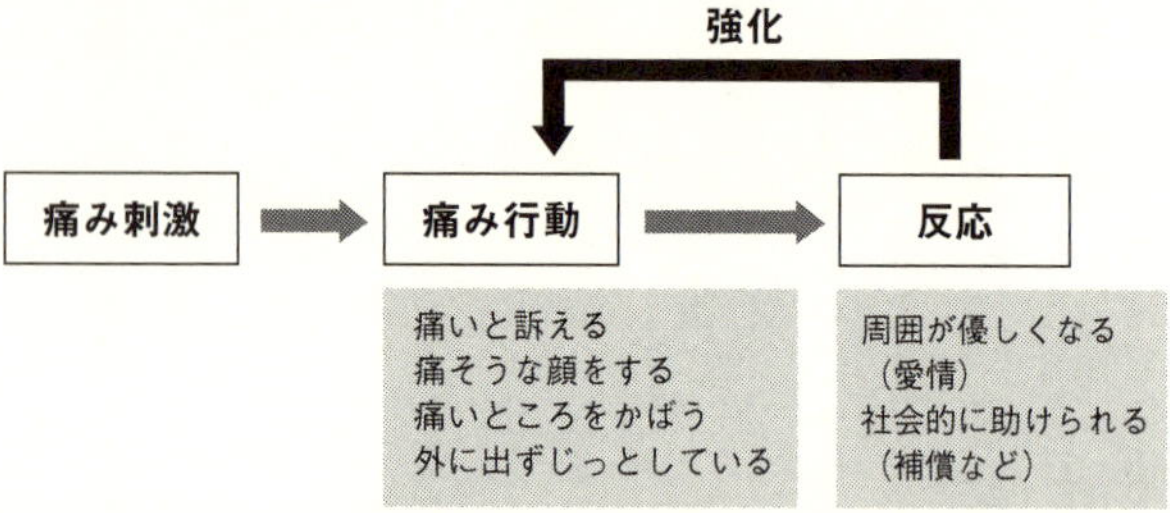

になってしまったのです。

痛みの悪循環はなぜ生じるのか

このようなケースを診るに際して、僕たち医師は「痛みのオペラント条件づけ」というものを考える必要があります。

痛みのオペラント条件づけとは、「痛み刺激」が体に加えられた患者さんに、反応として「疼痛行動」が出現した際、それへの報酬が与えられると余計に「疼痛行動」が強化されてしまう、というものです。

繰り返しになりますが「疼痛行動」は「痛み」とイコールではありません。痛いと訴えるとその〝報酬〟として周囲の人が優しくなったり、金銭的な補償が出たりといったことがあると、痛みの悪循環から抜け出せなくなる場合があるのです。

Cさんと Dさんの共通点は何でしょうか？　明確な原因が

見つけられず困っている患者さんと、優しい家族・周囲の人たちとの組み合わせですよね。もちろん本人たちにはそんなつもりは微塵《みじん》もないでしょうが、見方によっては、皮肉にも優しい夫が病気を作っているようにも見えなくはないですし、一生懸命に話を聞いて寄り添ってあげようとしている病院の仲間たちも加担しているようにすら見えてきます。

ほかにも、手首を捻挫した妙齢の色白の女性に、若い男性の医師が何度も手術し、いろいろな薬を出し、それでも良くならなくて、どんどん症状が悪くなってとうとう手が使えない状態になって紹介されてきたこともあります。

前述の丸田俊彦先生はこうもおっしゃっていました。ある研修医が「患者さんに薬を出しておきました」と報告に来たら、先生は「それは誰のために出したのですか？」と訊くことにしている、と。我々医療者は患者を助けたいという思いをもって医療の世界に入った（ある意味その思いにとらわれた）者たちですから、この丸田先生の精神を守るのは、わかっていても難しいことだと今も考えています。

痛みに伴う恐怖の悪循環

ちょっとした打撲や皮膚のケガなどによる痛みに皆さんはどのように対処していますか。消炎鎮痛剤などもよく効くし、そもそも1〜2週間くらいで治ってしまうことを僕たちはこれまで生きてきた経験から知っているので、少なくとも不安や恐怖を持つことはありません。

しかし、我々は過去に経験がないことに対してはしばしば弱いものです。たとえば痛みの原因がいくら調べてもわからないとか、痛みが思っていたよりも強いとか、治療しても思ったように痛みが改善しないということになると、とたんに不安になるものです。

すなわち、無意識のうちにどうしても「痛みがずっと続くのではないか?」「もっと悪くなるのではないか?」「もうだめだ」といったことを考えてしまうようになるわけです（これを心理学の用語で「自動思考」と呼びます）。

そのような状況になってくると、我々は自分の身体感覚に常に注意を向け、少しの変化

慢性疼痛の悪循環

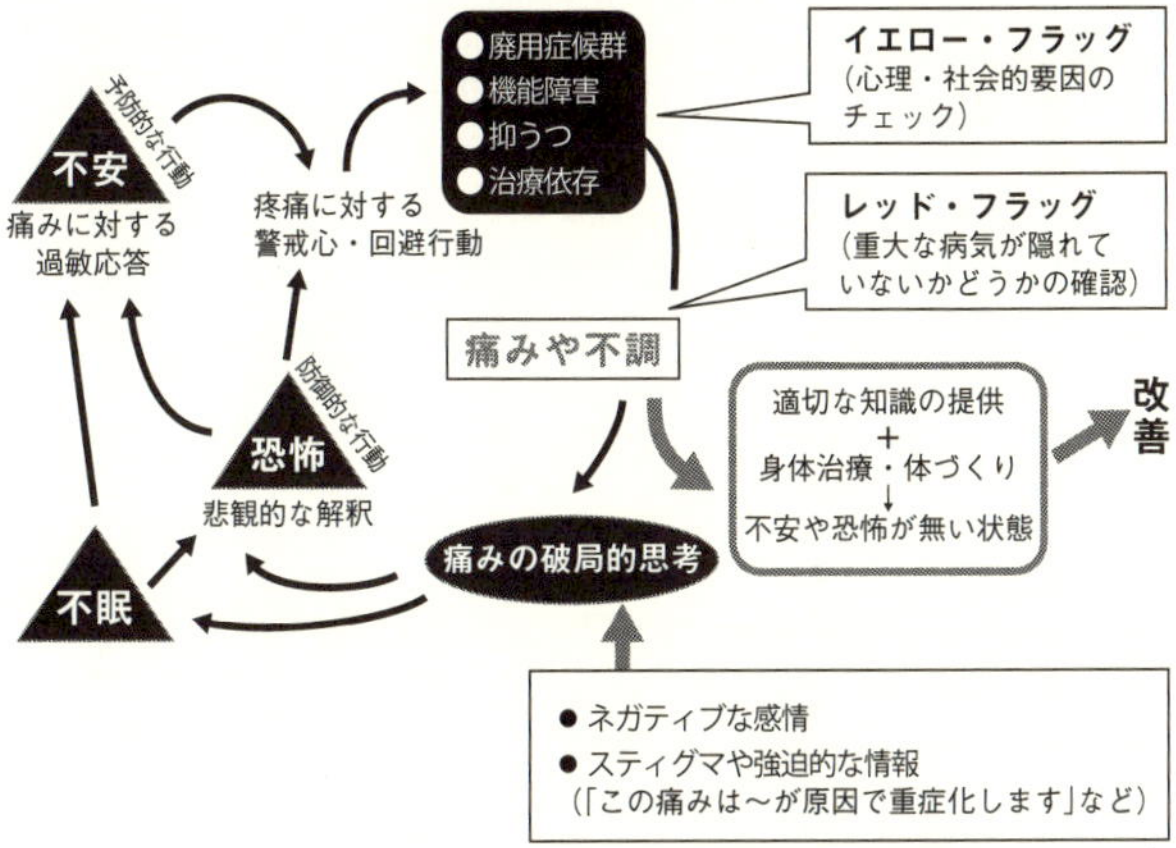

(Vlaeyen JW, et al.: Pain 85: 317-32, 2000.)

にも過敏になり、恐怖に陥り、不安になり、抑うつ状態になり、寝られない、といった状況に陥ります。また、第2章で述べたような自律神経機能の応答なども起こり、さまざまな身体症状が出てくることになります。

そして、なんとか状況を良くしようとして、周囲に痛いと助けを訴えたり、痛いのでその部位を動かさなかったり、治療や薬物に依存したり、といったさまざまな「痛み行動」が引き起こされます。

しかし、これらの反応は基本的に症状の悪化(痛みへの過敏化、動かないことに伴う痛みの悪化など)につながるものです。新たな不安、抑うつ、恐怖、廃用症候群・機能不全などの要因となり悪循環になってしまうわけです。

ここで知っておくべきことは、これらの「痛み行動」それ自体は、基本的には普通に起こる反応なのですが、患者が不安・恐怖を抱える傾向が強い場合や適切に対応（検査、投薬・治療・指導、安心を与える）ができない医療者によってこの構図ができあがってしまう場合、強い悪循環に陥ってしまう、ということです。

もちろん、痛みは何らかの病態と関係している可能性があるので、適切に怖がる必要があることは言うまでもありません。しかし、過度に怯えて症状の余計な悪化を引き起こすのは決して良いことではないと思います。

悪循環から抜け出すには

では、悪循環の中にいる人をそこから抜け出させるためにはどうすればいいのでしょうか。

最も重要なことは①レッド・フラッグ、つまり進行性の大きな病気などがないことを確認すること、ついで②イエロー・フラッグ、つまり心理・社会的背景の探索・検討をすること、そのうえで③適切な知識の提供を行なうことです。

①のレッド・フラッグ、すなわち生命にかかわる可能性のある生物学的兆候を確認することは、痛みの問題を除いて考えても最も大切です。少なくともレッド・フラッグがないことが確認できれば、患者さんには「今は手術が必要だったり、命にかかわったりするような問題はなさそうだからまずは安心するように」と話すこともできます。

その際、「小さな異常はあるかもしれず、たとえ小さな病変であっても痛みはすごく強く出る可能性があること」、そして「病態は時間経過とともに変わってくるかもしれないので定期的に検査する必要があること」を伝えるのも重要になってきます。

痛みは辛く嫌な体験であり、それが引き起こされることは誰しも怖いものです。ただ多くの人はどうしてそのようになるのかがわからないため余計に怖がっている部分があります。

逆に言うと、どのように対処して行けば大丈夫なのか？　ということまで説明できない場合でも、このようなメカニズムで痛くなっているのだということがわかれば、（痛みを治せなくても）それだけでも安心につながるものです。これらのことに関連する知識は、薬や運動療法（第5章で詳しく述べます）で痛みに対処する際にも役立ちます。

そのためには、医療者の経験や学びに基づく立ち位置・態度が非常に重要になります。

というのも、医療者が不安な様子になれば、当然受け持たれた患者さんは不安にならざるをえないからです。自信のない顔つき、事なかれな態度、「画像は正常です」、「安静にしておいてください」、「○○病の可能性があります」などのあいまいな言葉で不安ばかり引き起こすようなことは避けなければならないのです。

一方、患者さんに対して少なくとも言えることは、恐怖・不安は痛みへの過敏化につながり、痛みで動かないと動けなくなる上に関節などの萎縮などを引き起こす、ということです。骨折など動かしてはいけない病態がない限り、ある程度動かしていくことは可能であり、慢性疼痛の悪循環から脱却するためにも必要なことです。この点については次節でもう少し詳しく解説します。

動かさないと痛みは悪化する？

体を動かすための器官である運動器（頸《くび》・肩・腰・膝など）に引き起こされる痛みは動かした時に悪化することが多いものです。その際、ぎっくり腰や膝関節症、あるいは骨折や打撲といった外傷の場合、動かさなければ痛くないことから、安静にするという行為は病気やケガの初期対応としては有効な治療手段となります。

実際、骨折にしても捻挫にしてもギプスなどで局所を動かないようにすることで速やかに痛みが改善するものですし、それにより骨の癒《ゆ》合《ごう》や組織の治癒が早まるのは多くの方が知るところです。

しかし、本来動くべき部分を長期間動かさずにいることが続くと、大きな弊害が出てきて、結果として痛みを悪化させることにつながるケースも非常に多いのです。

これにはいくつかのメカニズムがあり、それぞれが絡み合ってさらなる悪化につながるので、知っておくことは大変重要です。

関節や筋組織を動かさないでいると、次のようなことが起こります。

(1) 組織は固まって動きにくくなり、動かすと痛くなる

動かさないでいると、筋肉は1日あたり0・5〜1パーセントほどその体積が減少し、筋力も低下すると言われています。これには、一つひとつの筋組織の周囲の膜が厚くなって動きにくくなったり、関節軟骨のダメージや関節そのものの滑膜の癒着など[33・34]が原因で運動能力が低下したりすることも関係しています。

こうした変化は動かさなくなってからおおむね10日後くらいから見られる反応です。逆にいったん固まった病態を改善するためには、これらの組織を動かすことが必要となります。具体的にはストレッチングを行なったり、あるいは麻酔を施した上で関節を動かしたり(関節授動術)といったことが医療の現場では行なわれます。

とはいえ無理やり動かすと組織への外傷の原因ともなるため、痛みがかえって悪化することもあります。

また、これは直接痛みとは関係ないことですが、動かさないでいると筋組織は、タイプ1線維(赤筋)という持久力に優れたタイプが減少し、タイプ2線維(白筋)という持久

力に乏しいタイプ主体に置き換わることが知られています。[35]

従って、我々の体に痛みが生じた際には、動かせるタイミングになったところですばやく関節や筋肉の柔軟性を養い、筋力維持・アップのためのリハビリテーションを行なうことが必要です。

（2）関節からは異常な神経信号が出て、脊髄や脳の神経の性質を変容させる

ウサギの膝関節を数週間固定する実験が行なわれたことがあります。すると、関節が動きにくくなる、いわゆる拘縮《こうしゅく》を引き起こしますが、変化はそれだけではありませんでした。膝の感覚を脳に伝えるための神経に流れる信号を記録すると、関節に炎症物質を投与した時と似たような神経信号が、動かしていない関節から出ていることがわかってきたのです。[36]

また、別の実験では関節からの信号を受け取る脊髄の神経細胞にも変化が見られました。常時異常な信号が入ってくる影響からか、通常とは異なる応答パターンを示すようになり、末梢からの信号に対して過敏性が高い状況が生じ、たとえば少し腕に刺激を与えただけでも、それに対する逃避行動を示すようになってしまいました。[37]

さらに、脊髄からの入力を受け取る脳に注目すると、動かさない腕に呼応する脳の感覚野[38]、そして腕を動かす仕事を司《つかさど》る運動野の領域が小さくなっていることがわかったのです。

動物実験だけでなく人を対象とした研究においても、健常者の腕をギプス固定するなどして使用できない状況を4週間ほどつくると、皮膚の感覚などが健常状態と異なってくることがいくつかの研究で示されています[39]。

これらの研究が示唆するのは、我々の筋や関節は動かすことで機能を維持しているものであり、動かさないと組織も改変されていき、その際には関節の支配をしている神経までもが変調し、異常なシグナルが出るようになってしまう、ということです。

さらには神経の上位にあたる脊髄や脳の改変を引き起こしてしまい、これらが総合的に働いて、痛くて動きにくくなった腕が治りにくい要因になっていると考えられるのです。

（3）別の部位への力学的負荷による痛みの広がり

痛みがあると、必ず痛いところをかばうような動作が出現します。無意識に行なうこうした動作が新たな別の痛みの要因になることもしばしば起こります。

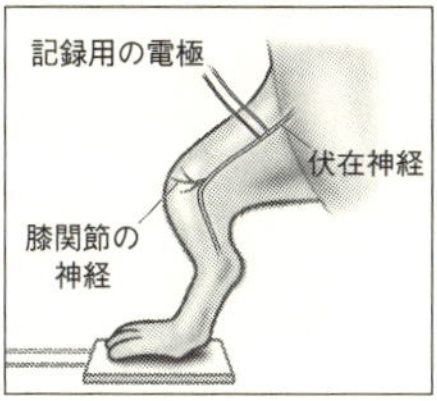

関節を動かさないだけで異常な神経信号が出るようになる

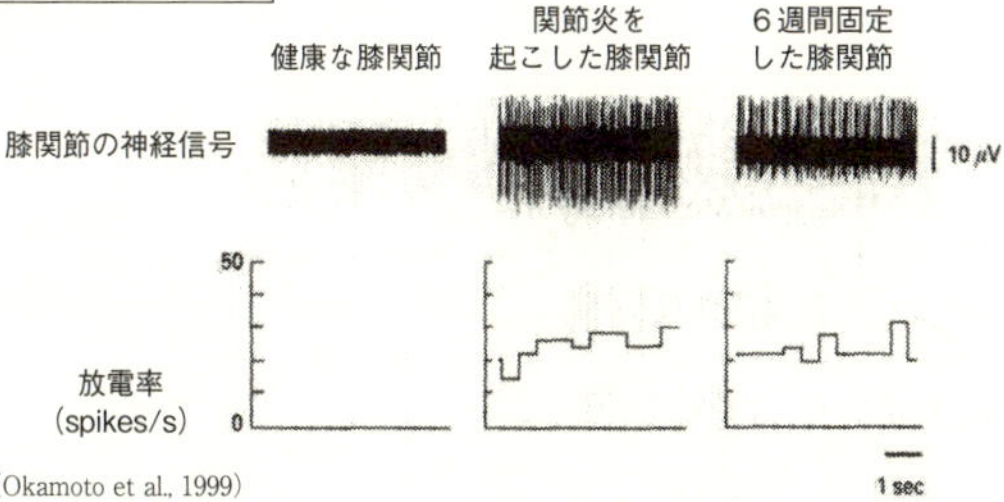

（Okamoto et al., 1999）

関節の固定により脊髄に起こる変化

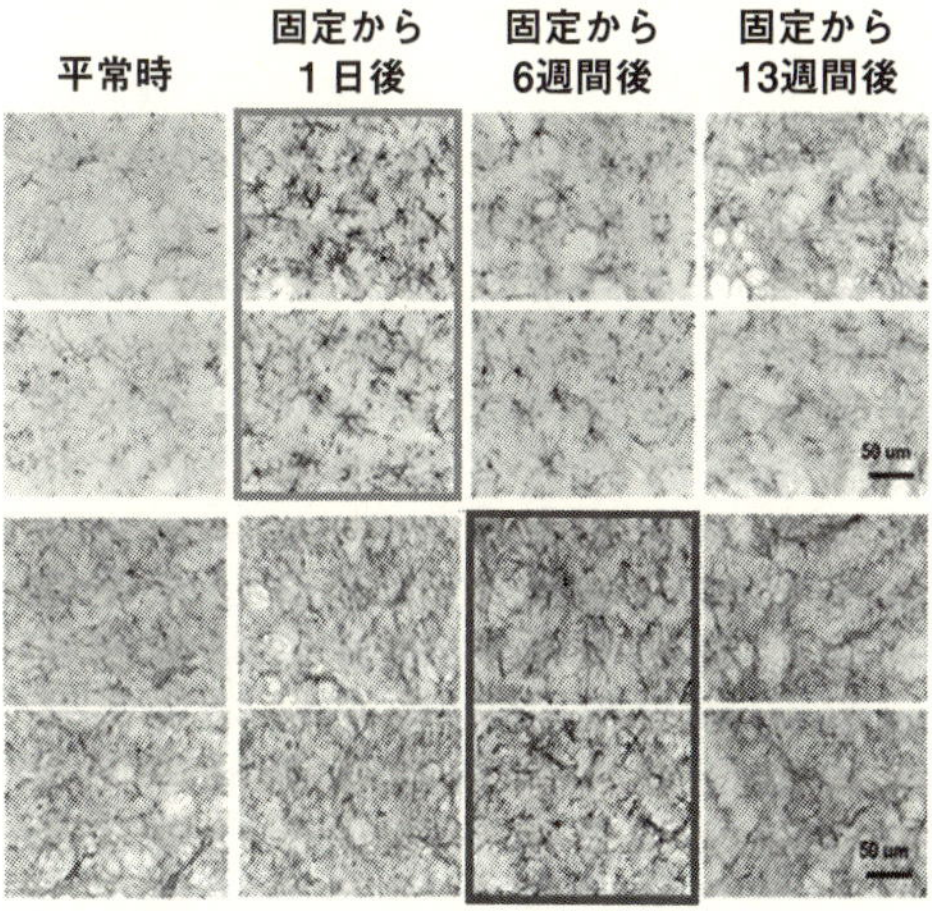

神経の興奮性の変化を示す活性化したミクログリア細胞（上）やアストロサイト（下）の数が脊髄で増加していた。

たとえば右の手首の痛みをかばっていたら肩まで痛くなったとか、今度は反対の肘《ひじ》が痛くなった、といった具合です。

基本的には最初に痛みが生じた部位への速やかな治療アプローチが重要となりますが、同時に他の部位で過度にかばったような姿勢や行動をしすぎないような生活・リハビリテーションスタイルの指導なども必要です。医療者にとってはこうしたことも予想し予防的に取り組むべき課題となってきます。

ギプス固定により体に起こる変化

前節の内容を受けて、ここでギプス固定に伴って起こる体の変化についても記しておきたいと思います。

軽いケガの患部をギプス固定した際などに起こる、複合性局所疼痛症候群（以下CRPS）というものがあります。代表的なのはこんな症状です。

転んで手首を骨折したためギプスで固定した。その後、無事骨はくっついた（癒合した）ものの、いざギプスを外して手を使おうとすると、何かにちょっと触るだけでも痛い。やがて手首から先が腫れてしまい、リハビリで動かすように言われるもののそれどころではない。暑くもないのに汗が出たりもする。患部を検査してみると、いつしか骨が薄くなり脆《もろ》くなってしまっていた……。

もちろん、ほとんどの患者さんのケースでは、同じようなケガをしてギプス固定した後、順調に快方に向かいます。なぜ一部の患者さんではそうならないのか？　これは痛みの研究に取り組み始めた頃の僕の大きな疑問でした。

　そこで、テキサス大学のウィリアム・ウィリス教授のもとで挑んだ研究は、手首を骨折したラットにギプスを巻き、CRPSの患者さんと同じように痛がる状態を再現できるのか、というものでした。

　実験に挑んだ僕は、骨折＋ギプス固定をしたグループと、骨折をさせずにギプス固定をしたグループという二種類のモデル動物を用意しました。そして、これらの動物が痛がっているかを調べるために、行動を観察し、（痛いであろう）腕を突っつきその反応を見る電気生理学的検査を行ないました。

　そうしたところまずわかったのが、一カ月も使わない状況を作ると、骨折の有無にかかわらず、①ギプスをしていた腕は全く使わなくなること、②その腕を突っつくと嫌がって腕を引っ込める行動をすること、③脊髄の神経の活動パターンが健常なラットとはかなり変わってしまうこと、でした。

　つまり僕たちは、ケガをする↓炎症が起きるなどして痛みが強まる↓痛いから動かさなくなる――と考えていましたが、そもそもケガの有無とは関係なく、腕を使わない／動かさない↓痛くなる、というメカニズムがどうやらありそうだということがわかってきたのです。

過度な安静の弊害

ここで、ＣＲＰＳも含めいろいろな患者さんのことを思い起こしてみると、ケガや病気に対する不安が強く、過度に安静にする傾向のある人のほうが、概して痛みを強く訴えているケースが多かったように思います。

もう一つ重要なのは、ずっと動かさない状態でいると（使わない状況が続くと）、動かし方がぎこちなくなったり、ひどい場合はどうやったら動かせるのかわからなくなったりするケースがあることです。

思い返してみると、たとえば小学校の夏休みで全く鉛筆などを使うことなく過ごしたあと、新学期の直前になって鉛筆で文字を書こうとすると、妙にぎこちなくなった覚えがあります。子供の頃に感じたあの感覚の、よりひどい状況と言えるかもしれません。

コンピュータは、機械的な部分のハードウエアと、プログラムなどのソフトウエアとで成り立っていることはご存じのとおりですが、悪質なコンピュータウイルスが入るとハードウエアの部分までが壊されてしまうことがあります。

それと同じように、ＣＲＰＳももともとは些細なケガですが、「痛い↕動かさない」がもとで血流が変わり、組織も変容し、骨や関節なども変化してくる、と考えると理解しやすいと思います。

痛いから動かさないという患者さんの反応のおおもとにあるのは「不安」です。怖かったり不安があったりすることで動かさなくなると、手が冷たくなるなどの血流不全にもつながってしまいます。怖さや不安に伴う交感神経系の反応がそれにさらに拍車をかけます。

こうしたことを踏まえると、僕たち医療者が、患者さんへの初期対応として、ただ痛みの要因を取り除くだけでなく、怖い気持ちや不安を取り除いていくことがいかに大切か痛感させられます。まずは不安を除くこと、それが痛み治療の第一歩なのです。

コラム　極度の恐怖にさらされると痛みを感じない？

　ここで本書のまえがきに書いた、ライオンに襲われたリビングストンのエピソードをもう一度思い出していただき、「恐怖と痛み」の関係についてもう少し掘り下げたいと思います。

「ストレス鎮痛」という医学用語があります。[40]これは、極度のストレスや恐怖に直面した時に、痛みの感じ方が軽減される現象を指します。生き物にとってこれは、生存のために危機的状況下での迅速な対応を可能にするシステムと考えられています。

　ストレス鎮痛のメカニズムには、内因性《ないいんせい》オピオイド（β《ベータ》エンドルフィン）という物質が重要な役割を果たしています。ストレスや恐怖など、危機的な状況に直面すると、脳ではストレスホルモン（たとえばアドレナリン）と同時に内因性オピオイドが分泌され、脳内のオピオイド受容体に結合します。

疼痛抑制系神経経路

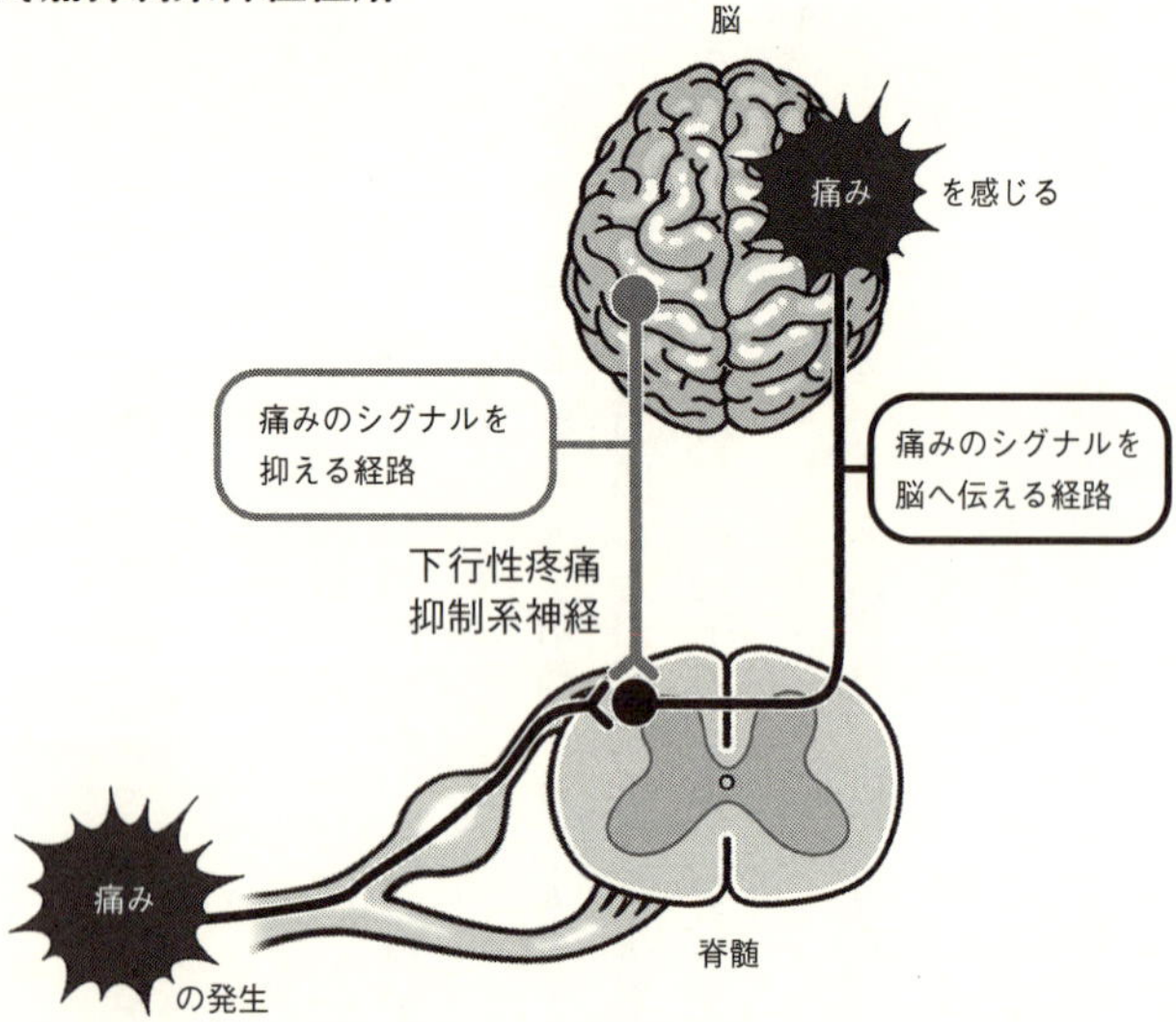

　これにより、痛みのシグナル伝達が抑制され、痛みの感覚が鈍くなり、体はストレスや危機に集中しやすくなります。このメカニズムはあくまでも一時的なものであり、状況が落ち着くと内因性オピオイドの効果も減少することがわかっています。

　内因性オピオイドであるβエンドルフィンは脳や脊髄にある「モルヒネ受容体」に結合しますが、特に中脳水道《ちゅうのうすいどう》周辺灰白質《かいはくしつ》（ＰＡ

G）という部分に結合すると、脳から脊髄につながっている「下《か》行《こう》性《せい》疼痛抑制系」という神経システムが稼働します。

すると、手足から脊髄に入ってくる痛みのシグナルが脳まで伝わるのを止めるシステムが働き、痛いことをされても痛みを感じなくなることがわかっています。「はじめに」では、僕自身が学生時代に遭遇したバイク事故の話を書きました。この時にも、今から思えば上記のようなメカニズムを経験していたことになります。

思えば重大な事故でした。いつも通りバイクに乗って大学に行こうとしていたところ、突然左から自動車が飛び出してきて、対向車線まで吹っ飛ばされたのです。見ると膝からは大量の出血があり、白い（その時は骨と思っていましたが）組織が露出していました。

僕は血液型が珍しいＲＨマイナスなので大変なことになったと思い、「僕はＲＨマイナスです」と繰り返し救急車が来るまで周りの人たちに叫んでいましたが、その間まったく痛みは感じていなかったと記憶しています。

その後大学病院に運ばれ、治療のために手術室で腰椎麻酔をされたのですが、その時初めて腰に痛みを感じました。戦闘中の兵士や、試合中のスポーツ選手が大きなケガをしても痛みを感じない「ストレス鎮痛メカニズム」なるものがあり、僕の場合もこのメカニズムが働いたのだと知ったのはだいぶ後になってからのことでした。

この下行性疼痛抑制系の仕組みを上手に利用することで、辛い痛みを軽減する方法については、本書の後半で紹介していきます。

第4章　疾患ごとにみる「痛み」の原因と対策

加齢と体の変化とそれに伴う痛み（変形性関節症）

この章では、読者の皆さんもきっとどれか一つは（あるいはそれ以上）身に覚えがあると思われる、痛みをもたらすさまざまな疾患・ケースについて個別に取り上げていきたいと思います。

いつの頃からでしょうか、1年が本当にすぐ過ぎてしまうように感じ、歳をとりたくないと思うようになりました。これまで膝の痛みで困っているお爺さんお婆さんを多く見てきましたが、自分も50代後半を迎えどうも同世代の者たちが膝の痛みで困り始めているのを見るようになってきたので、いよいよ他人事ではないのです。

さて、実際のところ加齢による体の変化は何歳くらいから顕著になってくるのかは、興味深いところです。

変形性関節症についての大規模臨床研究プロジェクトであるＲＯＡＤ（Research on

Osteoarthritis Against Disability）というものがあります。このＲＯＡＤの調査では、40歳ごろから膝の痛みが出る傾向が見られます（次ページ上のグラフを参照）。

また、肩の痛みを引き起こす腱板《けんばん》断裂を見てみると、50歳くらいから増えてくるという調査研究があります。考えてみると四十肩、五十肩なる言葉があるくらいですから、昔の人はよく体のことを知っていたものだと思わされます。

実は、女性によく見られる腰椎すべり症という病態も40歳ごろから出てくることがわかっています。どうも、40～50歳というのがさまざまな変化の一つの境界線になっているようです。

現在は加齢のメカニズムに関する研究がいろいろと行なわれ、医学の進歩により日本人の平均寿命は80歳を超えてきています。

しかし、１９５０年代くらいまでの平均寿命は50歳くらいで、老眼になるのも大体40歳くらいから始まることが多いことを考えると、人間の部品のおよその寿命はその程度なのかと思ってしまうこともあります。

話を変形性関節症に戻すと、変形性膝関節症の罹患率は年齢が上がるほど高くなります。

年齢別・変形性膝関節症の発症率

（東京都板橋区、和歌山県日高川町・太地町の地域住民 3,040 人を対象とした調査）

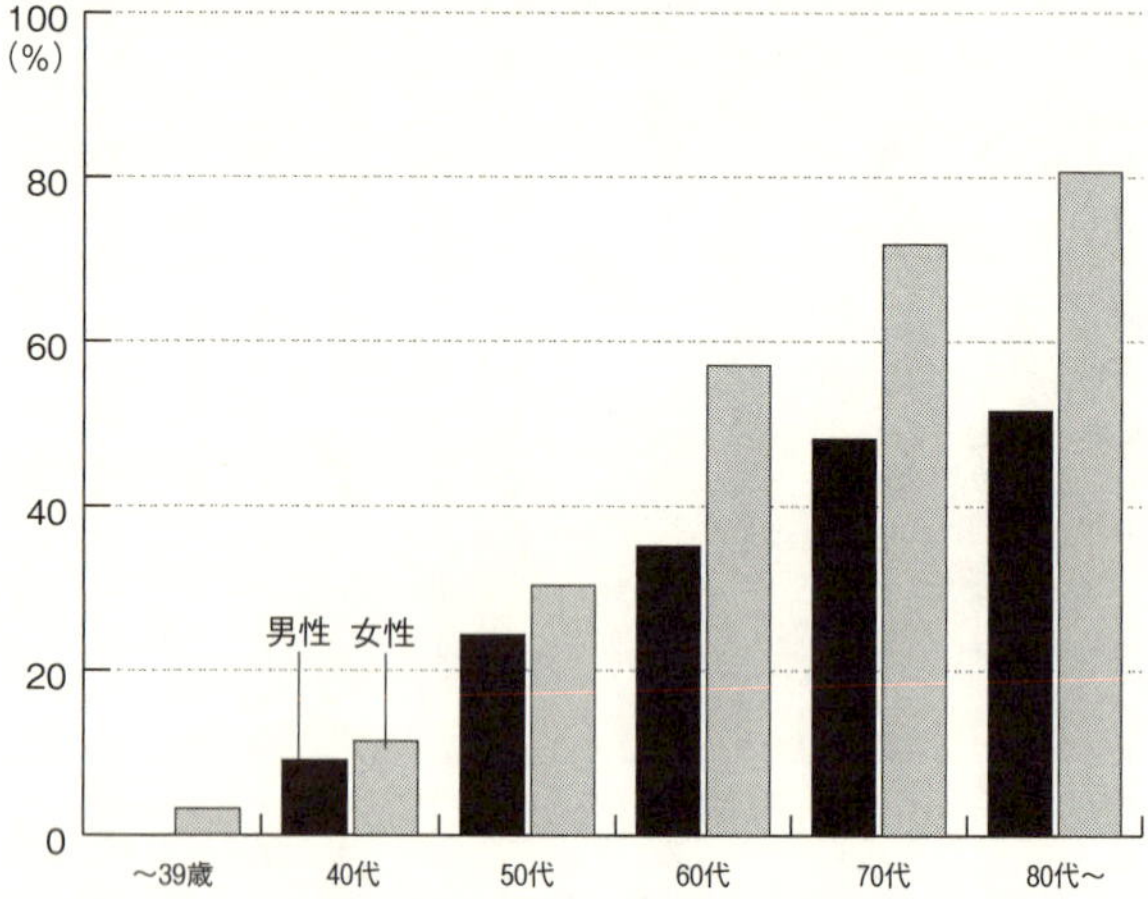

（Yoshimura N, Murakami S, Oka H et al.: Bone Miner Metab 27: 620-628, 2009）

変形性膝関節症による痛みの要因

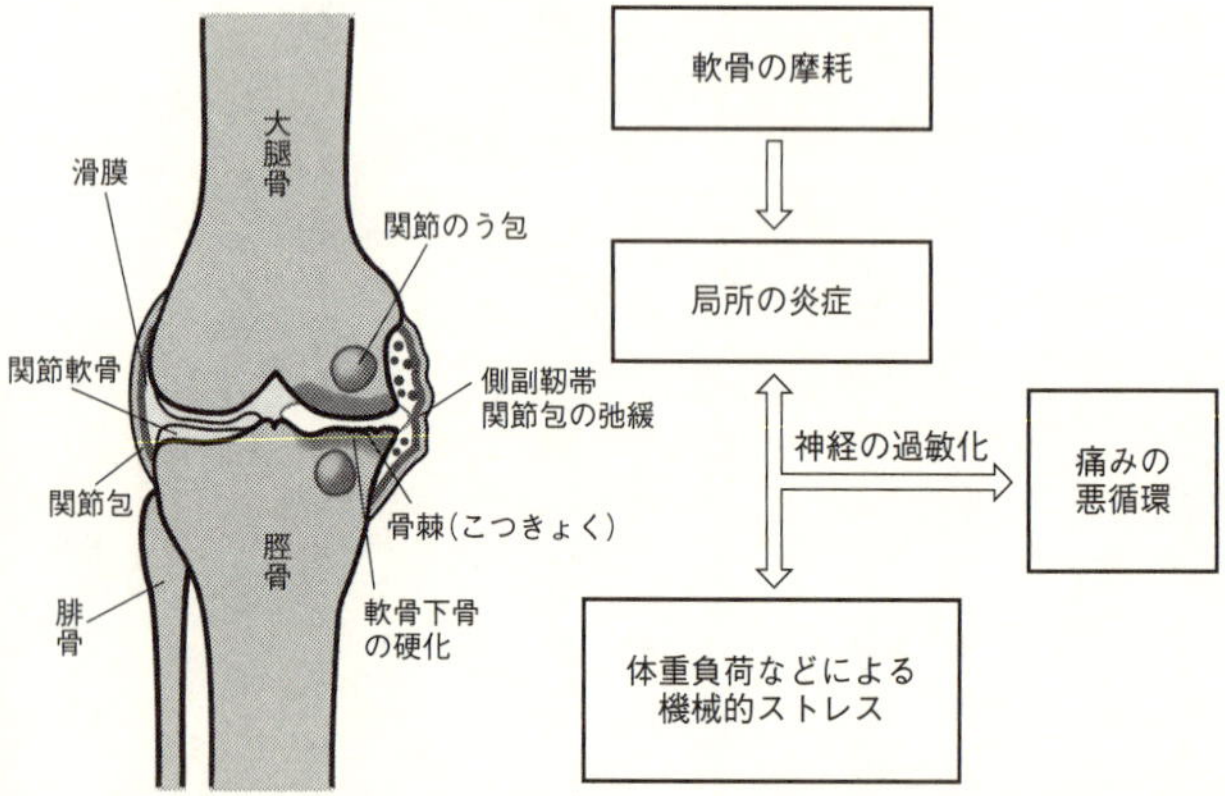

70歳に入ると半数以上が変形性膝関節症になります。ただ、実は変形性膝関節症は痛くならないケースも少なくないことがわかっています。というのも、この病気は基本的に、関節において軟骨が摩耗してなくなってしまうことが要因と考えられているのですが、軟骨そのものは神経を持たない（＝痛みを感じない）組織なのです。軟骨は、神経を有する骨と骨が直接ぶつからないために存在するのですが、その修復能力が乏しく、使うほどに摩耗するとクッションがなくなるため、神経が存在する骨同士がぶつかるようになることで炎症なども引き起こされて痛みが生じると考えられています。

このことを踏まえたうえで変形性膝関節症の治療の基本を考えてみると、

①ダイエット（減量により膝にかかる物理負荷を減らす）

②膝周囲の筋力強化・ストレッチング（筋力をつけることで関節に安定性を持たせるとともに、膝を柔軟に動かしダンパーのように使って力をそらすことができるようにする）

③足底のクッション材など（クッション性のある靴や負荷を減らす装具で膝への負担を軽減する）

ということになります。

そしてそれで不十分であれば薬物療法（少し専門的になりますが、①消炎鎮痛剤の局所投与〔特に効果の高い湿布剤〕、②経口消炎鎮痛剤、③抗うつ薬のデュロキセチン、場合によってはオピオイド、④関節注射）を治療手段として行ないます。

それも効かないのであれば人工関節などを考慮するしかないのですが、薬剤については腎臓や肝臓などの障害を引き起こすリスクもあることや、人工関節など外科的な治療については、行なっても機能が完全に戻るわけではなく、痛みも1〜2割の人では続いてしまう場合があることは知っておく必要があります。

さて一番に挙げたダイエット（体重を減らすこと）ですが、実際にはなかなか難しいものです。患者さんに「3キロ痩せたらだいぶ違いますよ」と言っても、「僕は食べていないのに太る」とか「水を飲んだだけで太る」ということをおっしゃるのです。

個人的にはかなり厳しいカロ◯ーメイトダイエットなどもして成功したので、実は食べているはずだと勘ぐりたくもなりますが、体を動かす習慣のない人はそもそも筋量が少なく、そこに脂肪が増えた結果の体重増加なので、多少食事を減らしても効果は出にくいも

変形性膝関節症の進行度と痛みの関係

対象：ROAD studyに参加した60歳以上の2,282例〔男性817例、女性1,465例〕

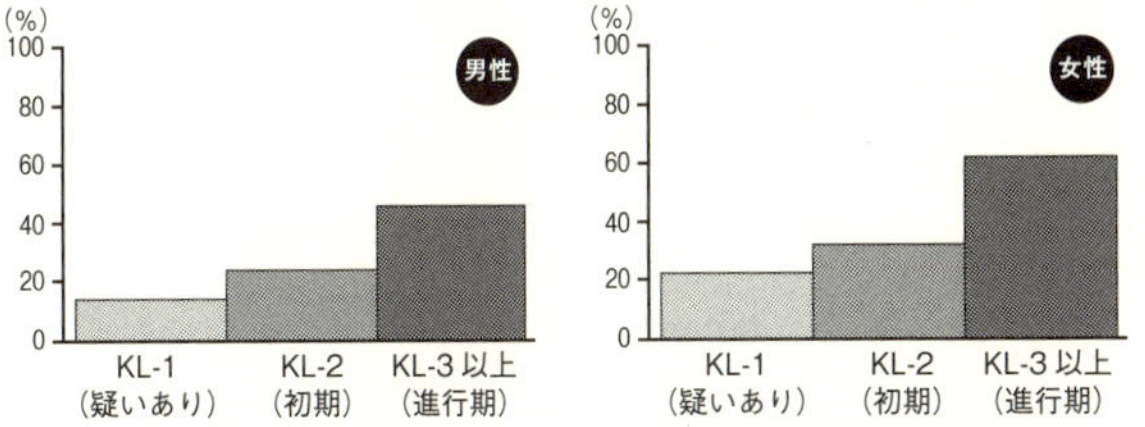

KL-2 以上(初期〜進行期)の推定患者数約2,500万人
そのうち膝の痛みを実際に訴えているのは約800万人と推定

(Muraki S. et al.: Osteoarthritis 19, 1137, 2009)

のです。ダイエットに意味があるのは頭ではわかっていても、実際にダイエットを実践することはなかなか難しいものがあります。

軟骨がなくなっても痛みは出ない!?

一方で痛みの科学の観点から興味深いのは、先ほども少し述べた通り、軟骨がなくなっても痛みが出ない人が多いことです。

確かに変形が重度になると痛みが増す傾向はあります。ただ、重症末期の変形性膝関節症であっても痛みがあるのは男性5割程度、女性6割程度であり、軟骨がないこと＝痛みがあることではないのです。

僕は登山を趣味としているのですが、実際、ひどいO脚でどう見ても変形性膝関節症を患っている高齢者の方が、上高地などで軽快に登山しているのを見ることもしばしばあります。

では、軟骨がなくなっていて、痛みがある人とない人の違いはいったい何なのでしょうか。

このことについて考えていくと、物理負荷による炎症や神経を介した「痛みの悪循環」がキーではないかと考えられます。これまでの章でも説明しましたが、痛みが引き起こされると炎症が起こり、そのことによって痛みが余計に出やすい状況が末梢組織に生じるし、そもそも痛みも伝わりやすくなるということです。

こうした観点から、変形性膝関節症の治療についてはこれまで物理的な側面（軟骨の摩耗に伴う膝の炎症）に焦点が当てられてきましたが、今後は神経を介した痛みの悪化システムの制御について検討していくことも重要と考えられます。

たとえば最近では、ラジオ波などを用いて膝の神経の機能を制御する方法も保険適用されるようになっています。少しずつこうしたアプローチも始まってきていますが、今後さらなる開発が望まれるところです。

関節リウマチとリウマチ気質

関節リウマチ（以下リウマチ）と聞いて皆さんはどのようなイメージを持たれているでしょうか？　関節が変形して痛みが出てくる病気ということはご存じかもしれません。

このリウマチの有病率は0・5〜0・8パーセント程度で、日本では70万人の患者がいます。その80パーセント以上が女性で、多くは40代に手足の関節の腫れと痛みで発症、手のこわばりや手指などの関節痛が主な症状とされています。

僕自身もこれまでに多くのリウマチ患者さんと向き合ってきました。というのも四半世紀くらい前までは、リウマチは治らない病気とされていたので、再々病院を受診されたり、病状が進行するに従い全身の関節を破壊するため、自分で食事もできなくなってしまい、20年以上ずっと入院している方がいたりしたからです。

関節リウマチは古代ギリシャの医者で医学の父とされるヒポクラテスがいた紀元前4〜5世紀からあったと言われており、古くから多くの患者を苦しめ、医学の研究対象とされ

印象派の巨匠ルノワールは重い関節リウマチを患っていた
©Getty Images

てきた疾患です。

関節リウマチ治療の歩み

僕が医師になった1990年頃のリウマチの治療は現在とはかけ離れたものでした。

当時からリウマチは自己免疫疾患であり、自分の免疫細胞が自分の関節の滑膜という組織をターゲットにして炎症を起こし関節を壊していくことはわかっていました。

現在は薬の治療が主流になっているため内科でも治療されることが多いリウマチですが、当時は外科的な治療に頼るしかないケースが多く、ほとんどの患者さんは整形外科で診られていました。

どのような治療をするかというと、薬としては消炎鎮痛剤やステロイドが使われており、炎症を抑えることで何とか痛みを緩和することを目標としていましたが、実際はそれも困難なケースを多く見てきました。

もちろん当時の薬で関節の破壊を食い止めることは困難でした。そのため、やがて手術療法に踏み切ることになりますが、〝関節滑膜があるから関節に炎症が起こる→関節滑膜を取り除けば炎症が収まる〟という考え方のもとでの「滑膜切除術」や、そもそも関節があるから痛いという考えのもとで関節そのものを切って無くしてしまう「関節切除術」や、それでは機能的に問題があるので人工関節に置き換える手術が主に行なわれてきていました。

これらの治療は確かに患者さんの苦痛や日常生活の困難を改善することには役立つものであったと思います。ただ、人間の体には小さいものから大きなものまで200本以上の骨があって関節を構成しており、これら全てにメスを入れるのは非現実的であるのも事実です。

そんな中、先に書いたように比較的若い女性がリウマチになることも多く、周りが幸せに暮らしている中で、精神的にも追い込まれ、医師に訴えても治してもらえず、次第に破壊される関節、続く痛み、さらに手術と、本当に患者さんたちは辛く苦しかっただろうと思います。

このような患者さんの苦悩に関連して「リウマチ気質」と言う言葉があります。〝リウマチの患者さんはしばしば神経症的傾向、内向性、主観的に物事をとらえる傾向、衝動や感情の統制力が弱い傾向がある。あるいは、勝ち気、女性としての役割拒否、攻撃心など不快感情の抑圧、抑うつ傾向、柔軟性や積極性の欠如、傷つきやすさをもち、体の痛みだけでなくその訴えに対する対応が難しい〟とされてきました。

一方で、医療者サイドもなかなか苦しいものがありました。というのも「ずっと痛い」「なんとかして」と訴えられても、何もできない医師は自分の無力感というよりも患者さんに責められているような状況になってしまうからです。

とりわけ、患者さんのことを親身になって考えようとする医師ほど、そのような状況に陥る傾向があります。20世紀初め、医学教育の父と呼ばれるウィリアム・オスラーは「リウマチの患者が前のドアから入ってきたら、医師は後ろのドアから逃げ出す」と表現していますが、一昔前のリウマチ診療の現場も、残念ながら「ああまた、難しい患者さんが来た……」というような感じだったかと思います。

画期的な治療薬の登場

この状況を一変させたのが画期的な治療薬の登場です。1999年に関節リウマチの治療薬として承認されたメソトレキセート、2003年に臨床現場への導入が始まった生物学的製剤により、関節リウマチは不治の病ではなくなりました。

従来のリウマチ薬では炎症や痛みを抑える対症療法しかなく、病気の進行を止めることができず、徐々に骨の破壊が進行し、車椅子や寝たきりとなることも多かった病気の治療に光が灯りました。リウマチで手術に至ることも減り、リウマチ気質も良くなってきました。まだまだ、医療の手が届かない疾患は数多《あまた》ありますが、ヒポクラテスの時代から2000年以上戦い続けて来た病気が良くなっていくことを見て、我々も戦い続けて次の世代に残せる成果を少しでも上げたいと願うばかりです。

関節リウマチ患者の病状評価（DAS28）

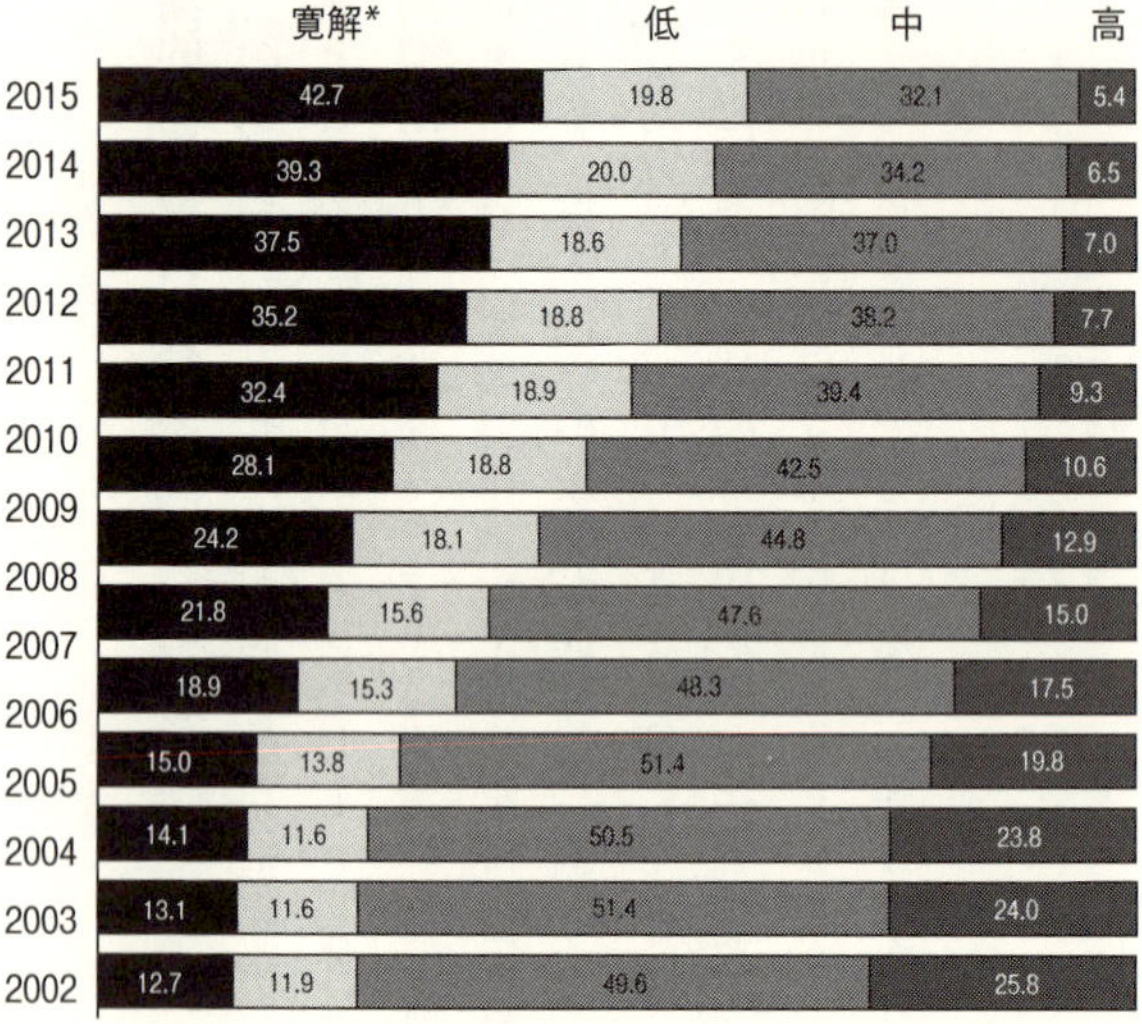

（NinJa database 2015より）

関節リウマチ患者の手術数は減っている

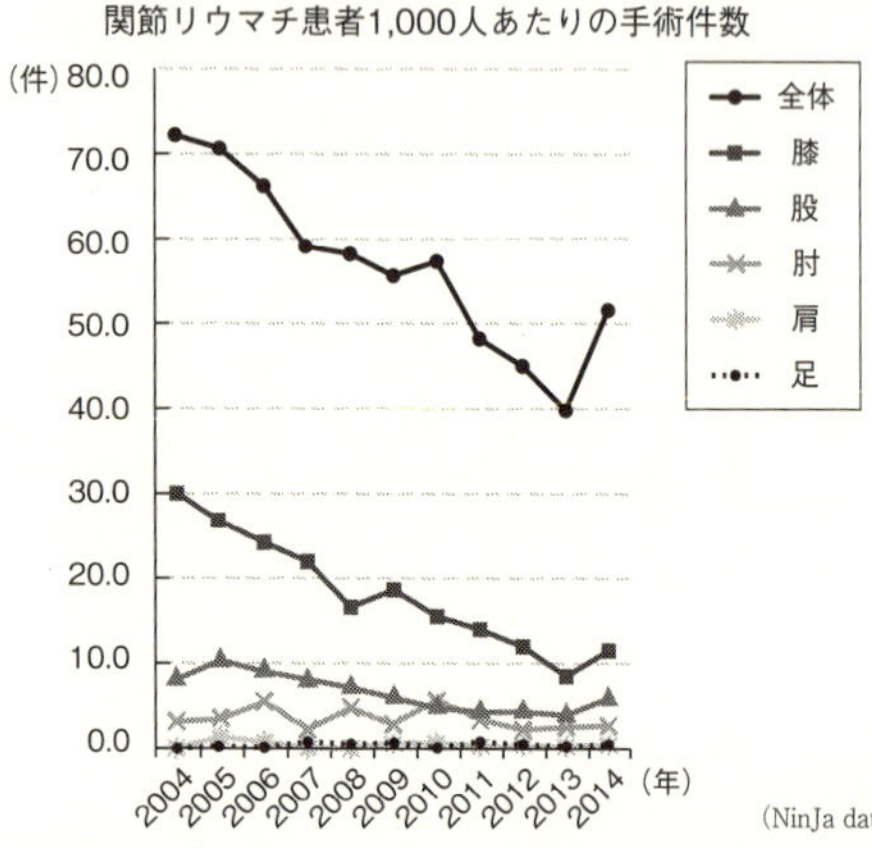

（NinJa databaseより）

肩関節周囲炎（四十肩・五十肩）や肩腱板障害

皆さんの中にも四十肩、五十肩になった人がいるのではないでしょうか？　僕も50歳を超えたとたん、お約束のように肩関節周囲炎になりました。なんとか現在は日常生活で困ることないレベルまで改善していますが本当にひどい痛みでした。

ここで、どうして40歳を超えると肩を痛めることになるのかについて考えてみたいと思います。

そもそも肩は複雑な構造をしている組織である

肩の関節が行なうことができる運動は、①腕を前から挙げる—下ろす（屈曲—伸展）、②腕を横から上げる—下げる（外転—内転）、③腕を内側に回旋させる（内旋）と外に回

＊「寛解」とは、症状がなくなり日常生活に支障のない状態をいいます。

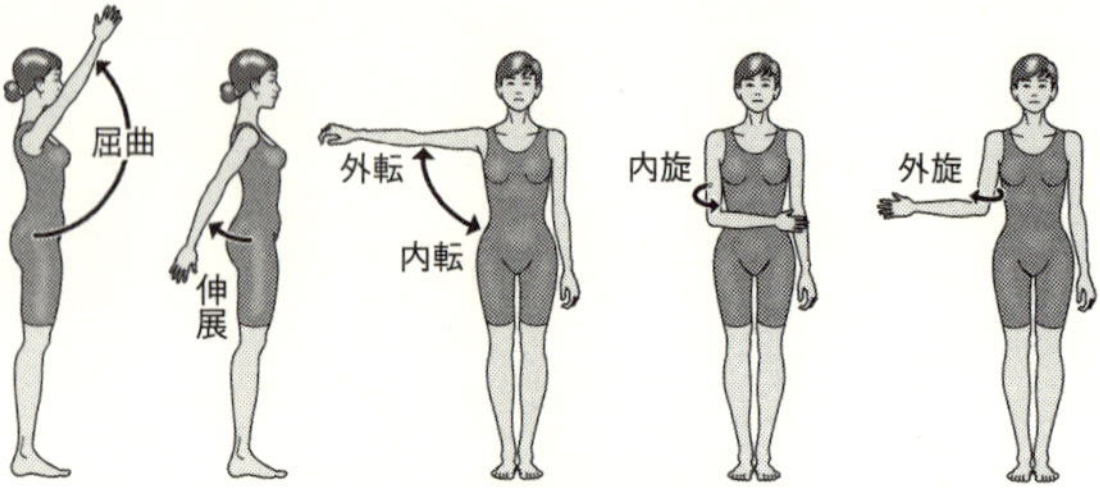

肩の基本的な運動

旋させる（外旋）があります。

一般に筋肉は、重いものなどを持ち上げる際に力を出す役割を果たすアウターマッスルと、姿勢保持などを担うインナーマッスルの二層構造になっています。

しかし、肩関節においてはいろいろな角度や動きを作るため、筋肉システムは非常に複雑に構成されており、インナーマッスルでも時に大きな力を出すことが必要となるなど、それぞれの筋がうまく連動して働いています。

このように機構が複雑なので傷めやすいことは容易に推察されますが、なかでも棘上《きょくじょう》筋腱（腱板）と呼ばれるインナーマッスルが左下の図のように肩峰《けんぽう》と上腕骨という二つの骨に挟まれて動く仕掛けになっているため、しばしば断裂（腱板断裂）を引き起こします。

この腱板断裂は、野球のピッチングなどの激しい動きやケガなどが原因で、若くても引き起こされることがありますが、多

肩のアウターマッスルとインナーマッスル

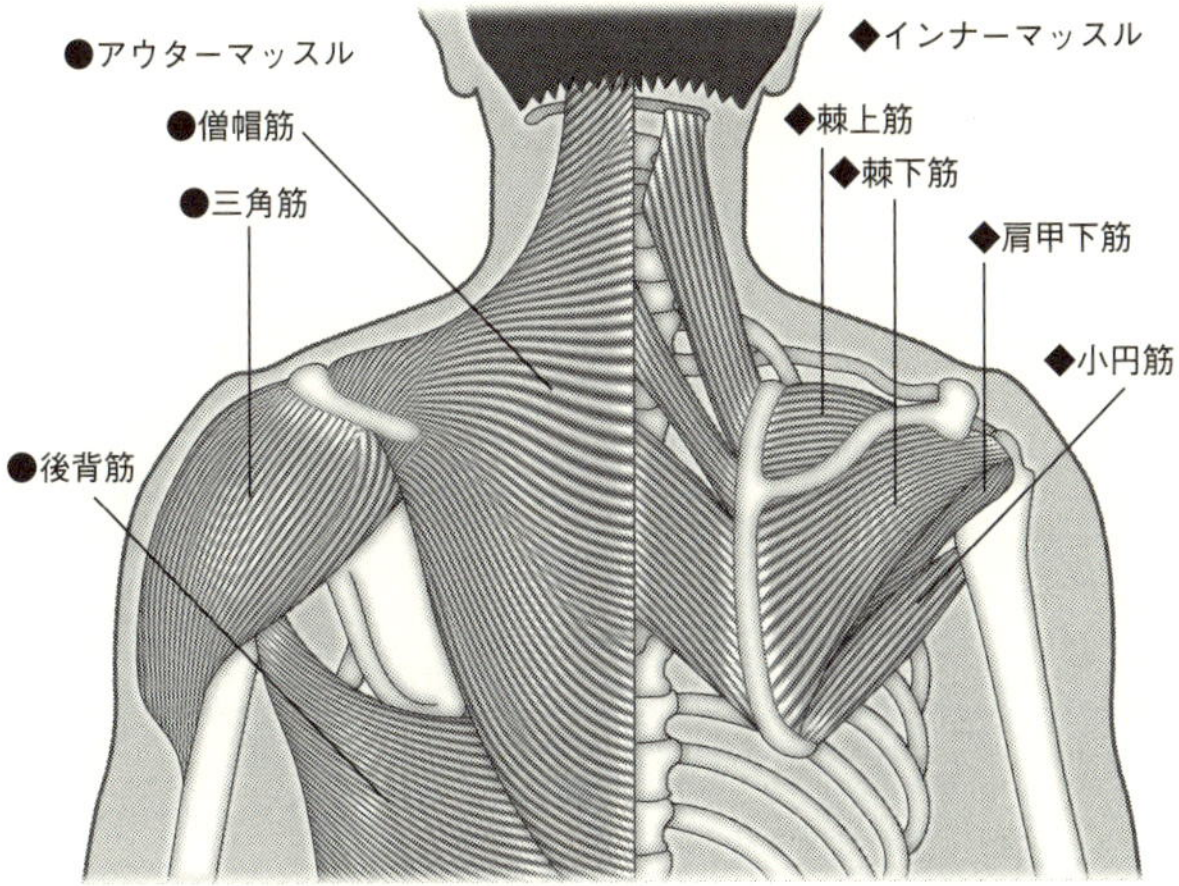

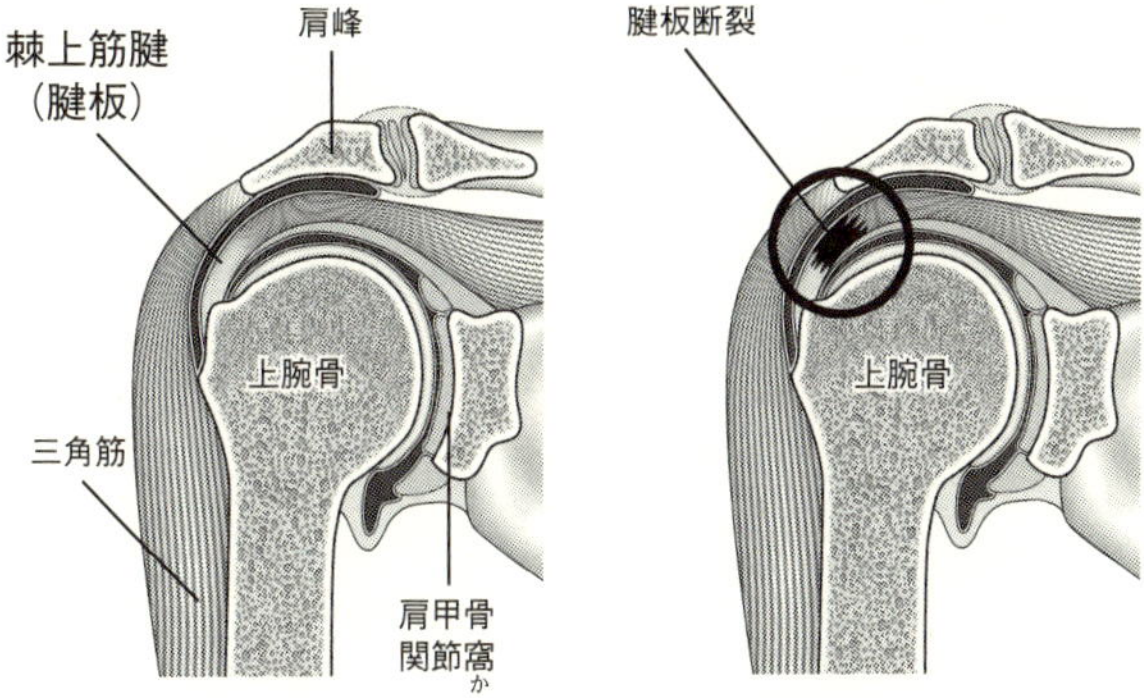

正常な肩　　腱板断裂を起こしている肩

腱板断裂の年齢別発生頻度

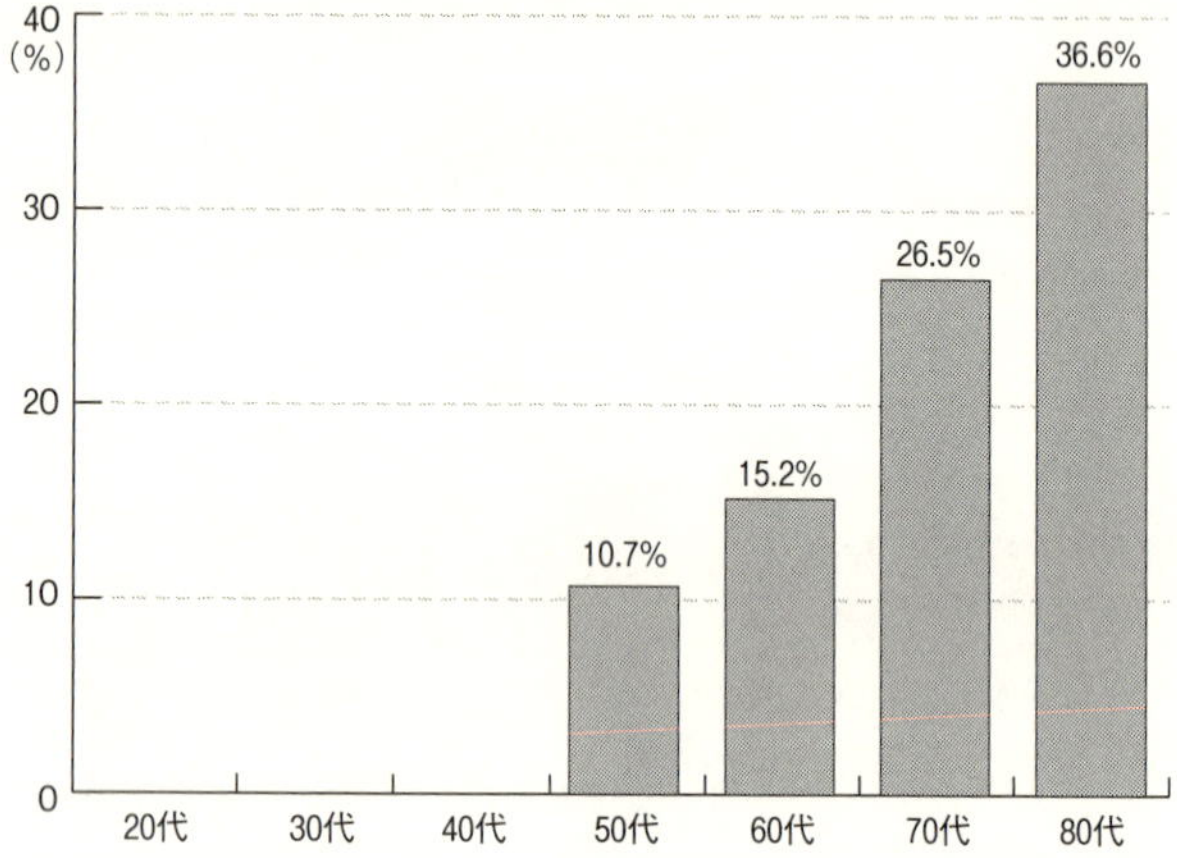

(Minagawa H, et al., J Orthop. 2013 Feb 26; 10 (1) : 8- 12)

くは加齢により断裂することが知られています。

この断裂が始まるのは50歳くらいからが多いことがわかっており、70歳に至ると人口の三人に一人が完全断裂するとされています。ということは部分的に切れるケース、それに近い障害はもっと多いと考えられ、40歳ごろから肩関節周囲炎が始まることも納得できるところということになります。

果糖などによる糖化と軟部組織の加齢変化

最近医学界で興味を集めているのが、老化による組織の劣化のメカニズムと肩痛の関係です。

加齢により腱がどのように変化するのかに

ついてはこれまでに多くの研究があり、なかでも注目されているのが、組織の強靭さと柔軟性を保つ「コラーゲン線維」です。コラーゲン線維の太さや配列の乱れ、そして組織内の水分量の減少などが起こることで、腱の弾力性と強度が減少し、それが損傷することで肩痛が起こりやすくなります。

実は、加齢によるコラーゲンの劣化には、我々が生きるのに必須な糖質が大きくかかわっていることが知られています。

通常の人体の代謝プロセスの一部として、糖分子がタンパク質や脂質と結合すると最終糖化産物（ＡＧＥｓ）と呼ばれる複合体がつくられますが、このＡＧＥｓがコラーゲンに結びつくと、コラーゲン線維の結合（架橋）が増加し、その結果、コラーゲンの柔軟性と機能が低下することがわかっています。

そのため、糖尿病などによって高血糖状態が持続するとＡＧＥｓの形成が促進され、結果としてコラーゲンの機能障害が悪化し、腱などの軟部組織の劣化だけでなく血管の動脈硬化なども引き起こします。また、たとえ糖尿病でなくても糖の過量摂取はＡＧＥｓを通じてコラーゲンなどの変化を生じさせるので注意が必要です。

ある高齢の女性の肩痛患者さんが太っているので「食べ過ぎじゃないの？」と尋ねたら

「私はご飯は食べないのに痩せない」というのでおかしいなと思って聞いてみたら、「毎日ビタミンを摂らなきゃ」と考えて果物をものすごい量食べていた、ということがありました。

ブドウ糖と比べて果糖はＡＧＥｓを生成させやすいことが研究で明らかになっています。りんごなどは血糖値を急に上げないというメリットもありますが、果糖自体は多く含んでいますから糖化に影響しますし、過剰摂取された糖質は肝臓で中性脂肪に変わるともされていますから、やはり極端な食事パターンには留意が必要と考えられます。

腰の曲がりと痛みを考える

腰が曲がっているから腰が痛いのか？　痛いから腰が曲がるのか？　良い姿勢をしていると痛くないのか？　など姿勢と腰の痛みに関係する疑問は多いものです。

結論から言うと、いずれも正しい部分もあり、正しくない部分もあるというところでしょうか。

さて、この姿勢を考える上で重要な概念を一つここで紹介しておきましょう。それは「アライメント（配置）」、つまり、骨格を形成する骨同士の位置関係という概念です。

悪いアライメントの代表例が背中や腰の曲がり（いわゆる後弯《こうわん》）です。次ページの図のように、腰が曲がれば曲がるほど上半身の重量による負荷は大きくかかるようになり、それを支えるためには腰の背筋が非常に強くないと困ることになります。しかし、ここで問題となるのが「筋疲労」と「筋の脂肪化」です。

我々の筋肉はずっと引き伸ばされ負荷を受けていると、当たり前ですが疲れてきます。

腰が曲がれば曲がるほど
上半身には重力による負荷が多くかかる

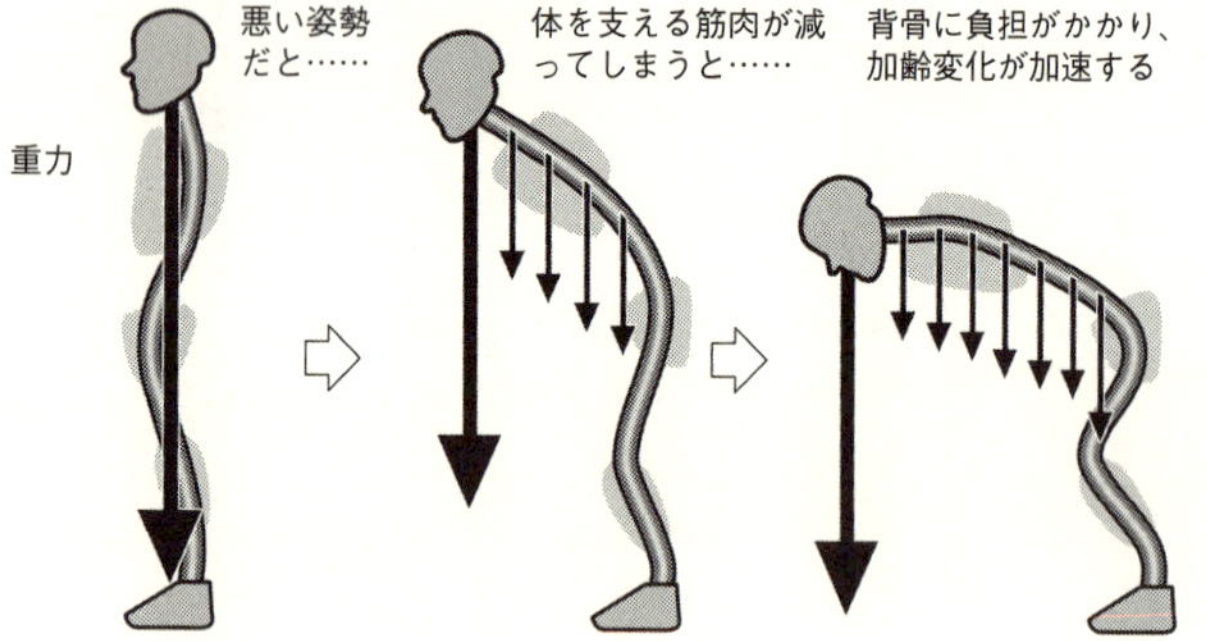

腰の筋肉は負荷、そして血流が足りない状況に悲鳴を上げ、痛みを生じることになります。また持続的に引き伸ばされることで、張力低下と筋萎縮、さらには筋肉が脂肪に置き換わることが進んでいくので、非常にまずいことになる可能性があります。

近年の脊椎外科医療ではこの脊椎の姿勢にフォーカスが当てられ、金属のスクリュー（ねじ）とロッド（棒）を用いて姿勢矯正する手術が行なわれるようになっています。この手術自体にはまだ課題も多いのですが、頭の重心、頸椎、骨盤の位置関係が一直線に保たれるよう、アライメントを正すことが重要であることが明らかにされてきています。

そもそも腰にとって「正しい」姿勢とは？

一方で、歳をとるとどうして腰は曲がっていくのか？　ということを考えてみましょう。これは、腰にとってそもそも楽な姿勢とはどのような姿勢であるか、という本質的な問いにつながってきます。

我々は実際のところ、先に示したような「正しい」アライメントをずっと続けていることはなかなか困難なものです。楽な状態でいるためには、①少し背中を曲げて脊椎のところに荷重をかけて背中などの筋肉をリラックスさせる、あるいは②ソファーでくつろいだり、ベッドで横になったりしてリラックスさせる……という感じになるのは皆さんも日常的に行なっていることでしょう。

その他に③背中や腰を後弯した姿勢のほうが腰の神経への機械的ストレスが減る、ということがあり、たとえば腰部脊柱管狭窄症《ようぶせきちゅうかんきょうさくしょう》のような持病をもつ人などでは、実は腰を曲げたほうが歩くのが楽になったりすることもあります。

これらを考えると、脊椎を反らしていわゆる「いい姿勢」を保つよりも、曲げて後弯傾向でいることによるメリットはそれなりに多く、腰が曲がることとの根本要因になっている可能性があることは知っておく必要があります。

では、実際のところ、どのような姿勢をとっているのが腰にとって一番良いのでしょうか。考え方としては、少なくとも良い姿勢を心がけるにしても極端に同じポジションでいることは望ましくないと言えるでしょう。

僕がかつて診療を行なった患者さんの中に、某有名デパートのブティックの店員さんがいらっしゃいました。彼女はピシッとした姿勢で長くいると背中や腰が痛くなるので、動いたほうが楽であって、お客さんに出した服などを自分で片付けてもらわないほうがありがたいと言っていました。

この話からわかる重要な示唆は、良い姿勢を保つことよりも、いろいろな姿勢をとって動いていることの方が大事だということです。腰痛で苦しむ患者さんには、実はデスクワークで動かない人のほうが農作業従事者よりも多いのです。

なお、極端に背中や腰が曲がった人は、骨も周囲の筋肉もその姿勢に悪いなりに適応しているので、これを急に正してしまうと痛みがかえって悪化することもあります。変化に適応する能力の高さゆえの、人間の体の一筋縄での行かなさを、痛み外来では何度も痛感させられます。

骨粗しょう症と脊椎《せきつい》圧迫骨折による痛み

突然ですが、あなたは骨折したことがありますか？　データベースを用いた調査[41]では、骨折は男女とも、子供時代と高齢期に多く、特に男性では10〜14歳に多く、女性では高齢期に多いことがわかっています（男性の10〜14歳、女性の70〜74歳の1年間の骨折率はいずれもおよそ10パーセント）。

また、高齢者はちょっと転倒しただけで骨折するケースを臨床では多く見ますが、女性は50歳から、男性は70歳から骨折率が急上昇します。

その高齢者骨折ですが、「肋骨《ろっこつ》、胸骨および胸椎」「腰椎および骨盤」「大腿《だいたい》骨」等の部位が多いのが特徴です。それには歳をとって力が弱くなってふらついて転ぶなどの要因もありますが、骨が弱くなっていること（とりわけ女性の場合は閉経後骨粗しょう症）がからんでいることが背景にあると考えられます。この骨粗しょう症、どうしても避けがたい加齢の影響ですが、いくつか興味深いポイントがあります。

年齢・部位別にみた骨折率

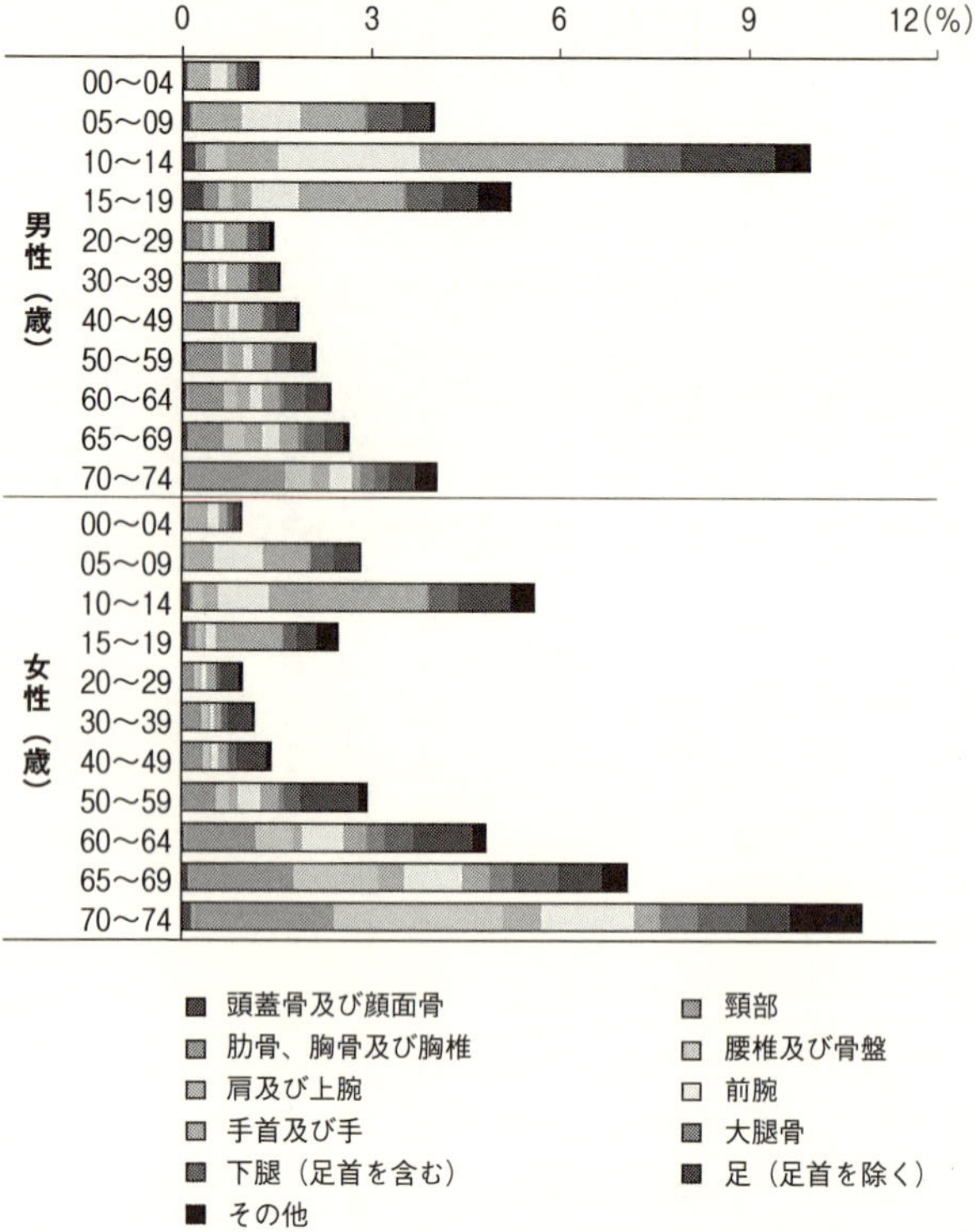

（ニッセイ基礎研究所「基礎研レポート」より一部加工）

●骨は常に作られていますが、同時に壊されてもいて、いつも新しい骨に置き換わっています。ですので、同じ骨がそこにあるというわけではなく、使わなくなったりして力のストレスがかからなくなると減っていきます。たとえば骨折の治療のためにギプスなどをすると、4週くらいの間だけでも骨はみるみる減っていきます。ですから、なるべく早めに動かしてあげないといけないのです。

●太っている人は意外に骨は強い。——高齢者で痩せている人と太っている人を比較した研究では肥満の人の方が骨が強い傾向があります。同時に筋力も強い傾向にありますが、体重による負荷が多くかかることに関係していると考えられます。

●骨を強くする運動は、垂直方向にストレス力がかかるような運動（ちょっとだけでもジャンプするなど）が有益で、水泳は、こと骨の強化については無効であることもわかっています。

●本人も気づかないうちにいつの間にか骨折しているケースも少なくありません。特に背中が曲がっている高齢者は、ほとんどの場合脊椎圧迫骨折になっていて、背中の骨が次ページの図のようにつぶれた形になり、背中が曲がり、かつ背が小さくなるので

脊椎の圧迫骨折

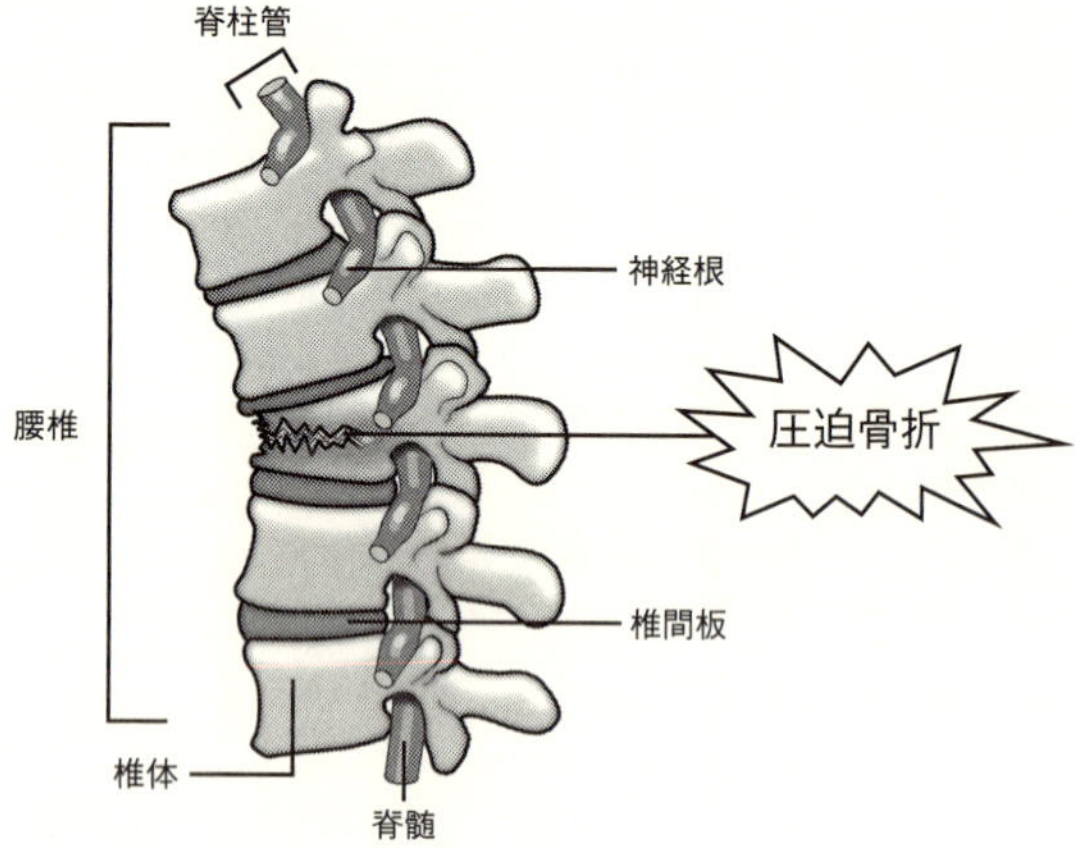

すが、そのような人の7割は痛みを訴えないことがわかっています。

不思議なことですが、痛みを感じない原因は構造学的なこの部位の特徴にあると考えられています。というのも、一般にどんな骨折でも折れた部分を動かすことにより痛みが発生しますが、実は動かさなければほとんど痛くないのです。

その観点から脊椎を見てみると、肋骨でできた胸郭《きょうかく》があたかも添え木のような役割を果たしていて、そのために、たとえ折れていても基本的にその部分に動的負荷がかかることはほとんどないのだと考えられます。

骨を強くするには

骨を強くする（＝骨粗しょう症を治療する）ためには、①運動して負荷をかける、②カルシウムを効率的にとる（日光を浴びるなどして活性型のビタミンDを体内に作って取り込みやすくする）、③薬物療法、ということになります。

薬物療法は活性型ビタミンDの摂取、骨を壊す細胞（破骨《はこつ》細胞）の活性を落とす薬（ビスフォスフォネート製剤、抗RANKL抗体）、骨を積極的に作る薬（抗スクレロスチン抗体、副甲状腺ホルモン剤）、女性ホルモン薬などがあります。なおカルシウム薬については有益性がありますが、あまりに多く摂取すると本来骨でないところに骨ができたりすることもあるので注意が必要です。

女性の場合、閉経の少し前から骨が急速に減ることが知られています。骨の密度を測るDEXA法というものがスタンダードな検査になります。

定義としては、骨密度が若い成人の平均の7割を下回る密度になったら骨粗しょう症とされていますが、どうしてもある程度減ってからの対応になりがちなので、本当はもっと早い対応が必要と考えられます。

また、最近は骨密度に加えて骨質というものが注目されてきています。というのも今の薬物療法の主軸は破骨細胞の活性を落とす治療ですが、これは古い骨を壊さないようにブレーキをかけ、新しい骨はそのまま出来るように保持するというものです。しかし、これは言わば古いビルの外壁に骨を塗り付けている格好なので、本質的にはよい骨ではないのではないか、という考え方が出てきています。

腰の骨を横から見た図

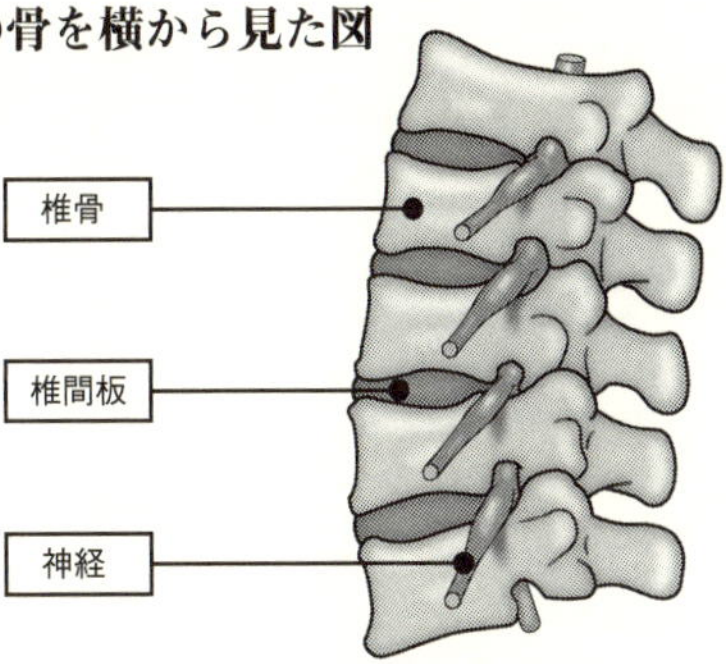

椎間板ヘルニアは痛みを引き起こすのか

腰痛と言えば椎間板ヘルニアというのは昔から本当によく聞く言葉です。僕自身も患者さんたちからしばしば「私の腰痛は椎間板ヘルニアからきているんですが、何とかなりませんか」とよく聞かれます。

そこで、椎間板とは何なのか？　どうなると腰痛を引き起こすのか？　あるいは椎間板ヘルニアは実際痛みを引き起こすのか？　について、ここでは考えてみたいと思います。

まずは解剖学的な仕組みを見てみましょう。

我々の腰の骨（腰椎）は上の図のように5つの骨（椎骨）から構成されており、上下の椎骨とは椎間板と、そ

椎間板ヘルニア

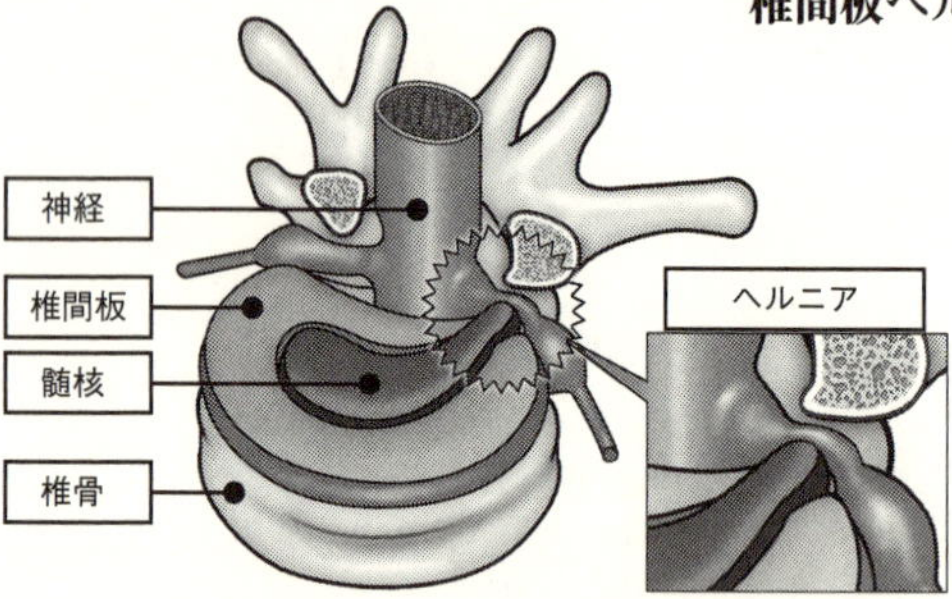

椎間板ヘルニアのMRI画像

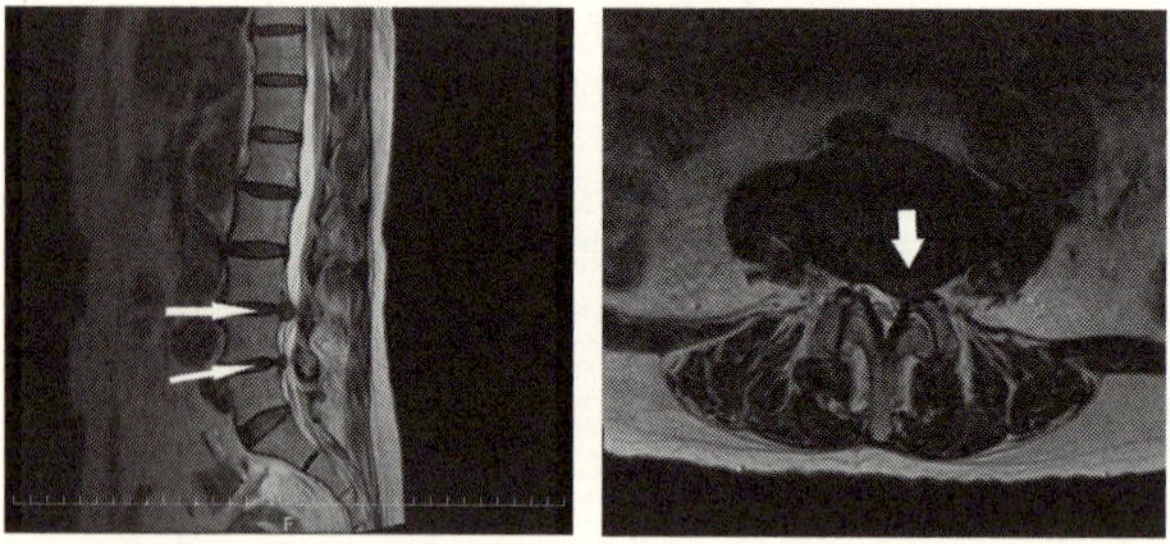

の後ろにある左右二つの椎間関節でつながっています。上からの重さの8割が椎間板にかかっていて、座ったり中腰になったりするとその負荷がより増えることがわかっています。[42]

椎間板そのものはクッションのような組織であり、若い人の椎間板ではみずみずしい髄核《ずいかく》という組織が中にありますが、運動などで使い込んだり、年齢が上がってきたりするとみずみずしさは失われ、線維組織の塊になり、しばしばひしゃげて高さがなくなります（椎間板変性と呼ばれ、こうなると動きも悪くなります）。椎間板の後ろには脚に向かう神経があります。

椎間板ヘルニアとは、椎間板の中にある髄核が、神経がある後ろの部位（脊柱管と呼びます）に突き出してくる状態の呼び名です。これにより神経に影響が出る状態になると脚の神経痛を生じるということになります。

ヘルニア＝痛みではない⁉

痛みの原因とされる椎間板ヘルニアですが、毎日多くの患者さんを診ていると、大きな椎間板ヘルニアがあっても全く痛くない人もいれば、逆に小さな椎間板ヘルニアでもすごく痛がっている人もいることを実感します。このことについて僕たちが行なった実験を紹介します。

これは、ラットの腰髄の神経に記録用の電極をつけ、坐骨神経をクリップで挟んで圧迫すると神経がどのような反応を示すか調べる実験です。坐骨神経を圧迫すると、足を触ったりつねったりした時の反応が、時間が経つに連れて弱まっていく（つまり信号が伝わらなくなっていく）のがわかります。しかし、たとえば手足をつねられた時のような「痛

腰部の神経をクリップで圧迫したラットの足に刺激を与えたときの反応

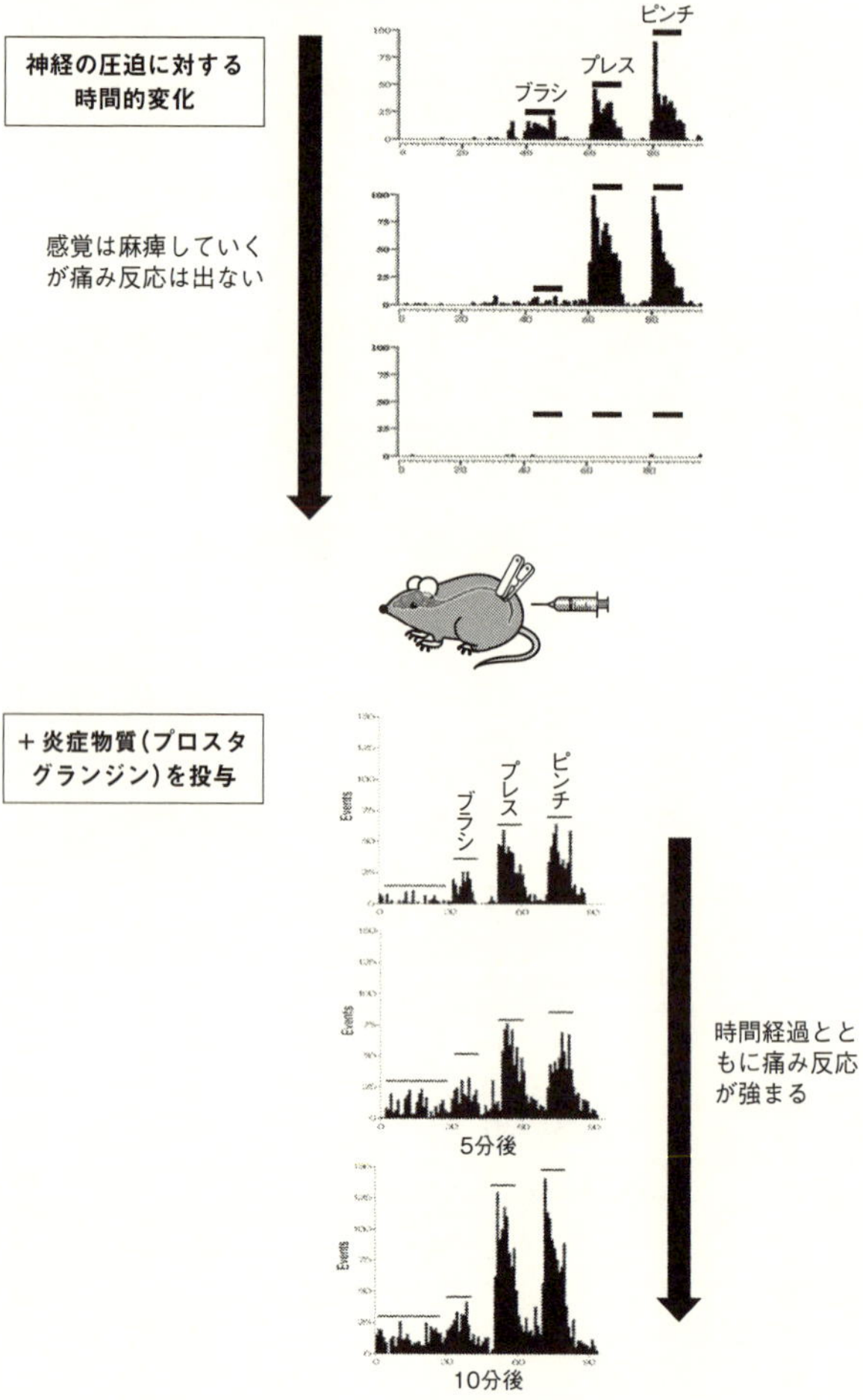

(Kawasaki et al., JoS 2002)

み」の反応は全く出ていないことがわかりました。[43]

　一方で、今度は同時に坐骨神経の周辺に炎症物質であるプロスタグランジンを投与すると、神経は激しく過敏になり、痛みを感じている時の反応が生じることが見て取れます。すなわち、神経は単純な圧迫だけで必ずしも痛みが生じるわけでなく、炎症などが同時に引き起こされることで初めて痛みが生じると考えられるのです。このことは、先の患者さんの例のように、大きなヘルニアが必ずしも痛くないことや、ステロイドなどの炎症を抑える物質による神経ブロックが痛みに有効であることを示す論拠ともなります。

　最近の研究では、程度の違いこそあれ成人の半数以上が椎間板ヘルニアを持っていると考えられています。しかしながら実際に、椎間板ヘルニアが原因の腰痛を訴える人は、わずか3パーセント程度であるとされています。

　決して、腰痛や下肢《かし》痛を引き起こす要因になる椎間板の病態を軽く見ているわけではありません。ただ、ある日突然靭帯を突き破って出てくるタイプの椎間板ヘルニアは、半年程度で自然吸収されることも多いのです。

　もちろん難治性やあまりにひどい痛みの場合は、炎症の原因を取り除くヘルニア切除に大きな意義があると言えます。

また、近年では「コンドロイチナーゼABC」という酵素の一種を用いて椎間板ヘルニアを縮小（退縮）させる治療なども現れてきています。[44] 患者さんたちの不安を減らすためにも、今後ますます研究が進み、治療の選択肢が増えることを願っています。

筋肉の痛みと腱付着部炎

筋肉の痛みにはいくつかの種類があります。典型例は慣れないスポーツをした後などに出てくる筋肉痛で、筋肉の中央部（筋腹と呼びます）が痛くなるものです。これについては多くの研究があり、そのメカニズムは、筋肉が伸びながら力を発揮する運動（エキセントリック運動）によって筋線維に微細な損傷が生じ、その修復過程で炎症反応が引き起こされることで生じると考えられています。

もう一つ筋肉に関係して出てくる痛みのパターンは、筋肉の端の部分、つまり腱が骨に接合する部分を中心に引き起こされるものです。代表的なものとしてはテニス肘（医学的には上腕骨外側上顆炎といいます）や、膝の内側の下の方が痛くなる鵞足炎《がそくえん》、そして最も多いのが肩こりのときの肩甲骨の内側上方の痛みです。

これらの患者さんたちを診ていくと興味深いことが見えてきます。たとえば、年齢的には中年の女性、テニス肘では上手な人でなく力んでしまう打ち方をしている人、鵞足炎では登山のときに急な下りを怖がりながら降りている人に生じることが多いことです。
メカニズムは物理的に考えるとわかりやすいです。筋肉が頑張って収縮すると、その端の骨にくっつくところに強い刺激が繰り返しかかり、それによって炎症が引き起こされる、というわけです。しばしばこの腱付着部炎のたとえに出されるのがスマホケーブルの破損で、たいてい先端のプラグのすぐ根元で壊れるというものです。

筋肉の痛みの治療と予防

こうした腱付着部炎では、炎症を起こして痛いところにステロイドなどの薬を注射すると一時的に症状は改善します。しかし本質的にこれを予防したり治したりするには、力まないですむような状況をつくってあげて、筋肉をリラックスさせることが大切になってきます。妙に力む人がなりやすいので、上手にやろうとしたり怖がったりさせないような教育指導も大切です。

また、筋肉が軟らかくストレスがかからなければそもそも問題は起こらないという観点から、ストレッチングは大切です。これも昔から使われているたとえ話ですが、カールしている電話の線は先端のところに負担がかかりにくく壊れないことからも、筋肉が柔軟であることの重要性はわかるでしょう。

なお、この腱付着部の痛みについては、乾癬《かんせん》性関節炎といって、生物学的に腱付着部に炎症が起こりやすい素因を持っている人は特になりやすいという問題があります。これについては現在、その部位の炎症を積極的に抑える免疫学的な治療が開発されてきています。

他にも、次節で述べる線維筋痛症のケースのように、痛みに過敏なために腱付着部の痛みを強く感じてしまう場合もあります。これについてはもちろん腱付着部への注射も免疫学的治療もほとんど効果がありません。痛みに対する過敏さを抑えるような治療が大切になってきます。ただ、テニス肘も線維筋痛症も中年女性に出る頻度が高い症状と考えると、双方を踏まえた新たな治療法の展開も今後考えられるかと思います。

線維筋痛症と慢性一次性疼痛

肩、腕、首、腰、脚など体の至るところが痛い。しかもちょっと押されただけでも飛び上がるほどの痛み。絶対に何か身体に異変が起こっている、と思って病院に行って血液を調べてもX線検査をしても「異常なし」となる。結果、多くの病院では「大きな問題はありません」と言われ、そんなはずはないと思っていろいろ訴えると「心の持ちようですよ」とか「精神的な問題の可能性があります」と言われてしまう。そして「誰も私の痛みをわかってくれない」——これは僕たちのところを受診した線維筋痛症の患者さんがよくおっしゃる言葉です。

線維筋痛症とはいったいどのような病気なのでしょうか?

現在広く使われているアメリカリウマチ学会が作った診断基準では、①3カ月以上の慢性疼痛症、②上半身・下半身、左半身・右半身の体の広範囲に痛みがあり、③体の腱付着部の18箇所のうち11箇所以上のポイントを少し押されるだけで痛い、という三つの要素があると線維筋痛症とする、としています。

そんな線維筋痛症の患者さんたちが痛みを経験するメカニズムとして、国際疼痛学会は（第1章で述べたように）「痛覚変調性疼痛」という概念を提唱しています。これは神経が痛みに対して過敏になってしまっている病態と考えられていますが、実は線維筋痛症の患者さんによく聞いてみるとしばしば光過敏や音過敏があったりしますので、やはり〝さまざまな感覚に対して過敏な状態になっている症候群〟と言えるかもしれません。

女性に多い線維筋痛症

さて、この線維筋痛症については本邦人口の1・7パーセント（200万人）の患者が存在するとされ、男女比は1：5で女性に多い病気です。

どうして女性に多いのか？　ということを考えると一番には性ホルモンとの関係が頭に浮かびます。

実は女性ホルモンの代表であるエストロゲンは痛みの感受性に影響を与えることが知られています。[45] たとえば健康的な女性において、エストロゲン濃度が高い時期には痛みに過敏になる、あるいは、閉経後のホルモン治療（エストロゲンに似た物質を投与すること）

が顎関節痛を誘発する、といった報告があります。また逆にエストロゲンが急速に減少すると腱や関節が腫れて痛み、こわばって動かしにくくなるとのレポートもあります。

更年期の女性は、ホットフラッシュ、夜間の発汗、気分の変動、不眠症などの症状を経験することが多いですが、線維筋痛症の症状が初めて現れる時期でもあります。更年期には女性ホルモンが変動を繰り返しながら減少し、それに伴う身体的・心理的ストレスも加わり、痛みや疲労感が増すものと考えられています。これらのメカニズムが、女性に線維筋痛症が多い理由と関係している可能性もあり研究が続けられています。

この線維筋痛症については、明確な病因が現在の医学で見出せないことから、しばしば気のせいだなどと言われがちですが、そうではありません。

実際、線維筋痛症患者では、痛みに関係していることで知られるグルタミン酸濃度の脳内（後部島皮質《とうひしつ》）での上昇[46]、オピオイドの脳内結合能の低下や末梢神経分布密度の低下[47]、サテライトグリア細胞に対する抗体の攻撃[48]（第5章でも触れます）などの異常が起こることが指摘されてきています。

従って今の時点では、線維筋痛症は原因がはっきりしている単純なハードウエア障害というよりは、ソフトウエア障害があり、それに伴ってハードウエア的な異常も生じてくるものと考えると理解しやすいかもしれません。

線維筋痛症の治療

治療としては、慢性の痛みに対する理解を深めつつ、運動療法、リラクセーション・ストレッチング、薬物療法などを行なうことになります。ただ治療にあたっては、この神経過敏による痛みならではの事情をいくつか理解しておく必要があります。

たとえば運動は過度に行なうと痛みにつながりますから、適度なレベルで行なうことが大切です。また、薬物療法は神経過敏を抑えるためにも重要ですが、痛みを薬だけで完全に取り切るのは非常に難しいことも理解する必要があります。

また線維筋痛症は、①原因となるようなものがないにもかかわらず、長引く強い痛みを経験する、②何か基礎疾患があるものの、それにふさわしくないような強い痛みを経験する、の二つのタイプがある病気と言えます。

WHOは新しい診断分類（ICD-11）で、前者を慢性一次性疼痛、後者を慢性二次性疼痛と区分し診断することで、より適切な治療につなげていこうとしています（第3章で触れた、少しのケガで強い痛みを腕などに生じて関節が拘縮し、異常な骨萎縮が起こるC

RPS〔複合性局所疼痛症候群〕も慢性一次性疼痛の区分に入っています）。

このような疾患分類の変更が実際の治療現場に生かされ、患者さんにとっても役立つものになることが望まれるのは言うまでもないのですが、現実はなかなか難しい状況です。実際日本では2024年の段階でまだICD-11は正式採用されていません。これまでの全ての医療統計、病院のカルテや事務のコンピュータが病名に紐づけされて動く形になっており、そう簡単に現行のICD-10から変更することは難しいのですが、何とか努力して変えていければと思っています。


なお、余談めいた話になりますが、女性ホルモンと男性ホルモンについて少し触れます。月経や出産を経験するため女性の方が痛みに強いとしばしば言われますが、実際のところどうなのでしょうか。これまでの動物実験ではオスの方がメスよりも熱刺激に対する耐性が強いこと、メスに男性ホルモン（テストステロン）を投与するとオスと同じように熱に対する耐性ができることがわかっています[49]。

線維筋痛症の患者においても男性ホルモンを投与すると症状が改善したというレポートはありますが、声が低くなったり、毛が生えてきたりする可能性もあり、あまり治療として現実的ではありません。

コラム　バーチャル・リアリティー（VR）で新たな治療法を探る

慢性的な痛みを抱える患者さんたちは、普通の治療では十分に痛みが改善せず、生活の質が大きく損なわれてしまうことがあります。この原因を解明し、新しい治療法を見つけるために、僕たちは「仮想現実（VR）」という技術を使った研究を進めています。

仮想空間で痛みの体験を再現し分析する

研究チームでは、仮想空間の中で誰もが経験したことのある「採血の場面」を再現し、慢性疼痛の患者さんと健康な人がどのように反応するかを調べています。具体的には、VRゴーグルを使って、まるで本当に採血を受けているかのような体験をしてもらうというものです。その間、脳の血流の変化、心臓の動き（心拍変動）、そして瞳孔の大きさを計測しています。

VRを用いた生体反応同時測定システム

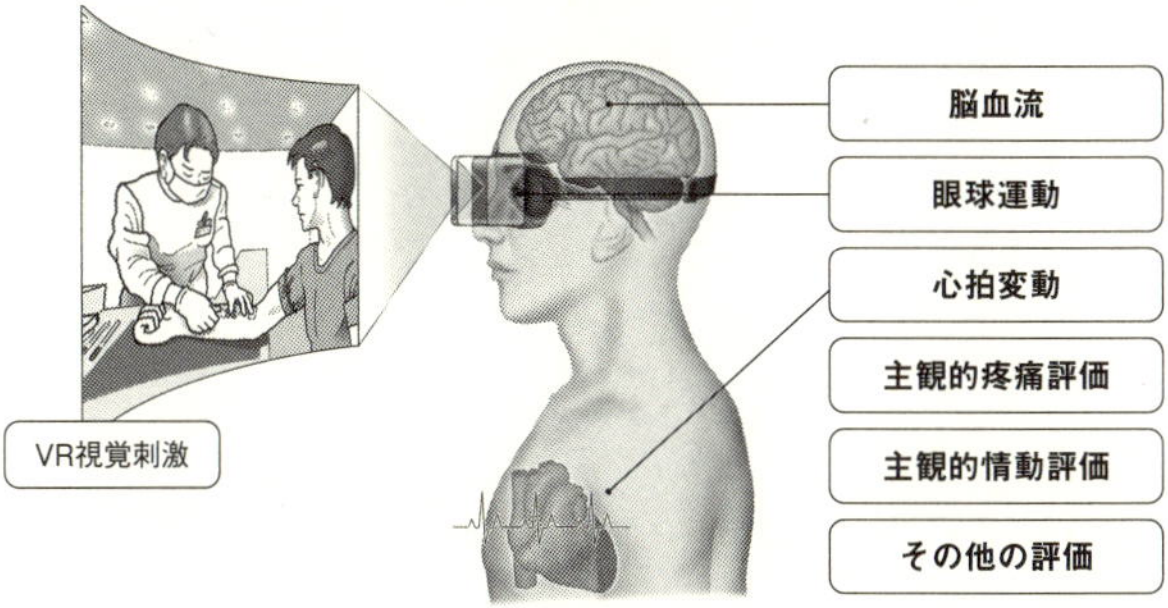

この方法は、実際には採血していなくても、仮想的な体験がどれだけ身体に影響を与えるのかを調べるものです。

すると興味深いことに、どうやら慢性疼痛の患者さんたちは、仮想空間での採血体験に対して、脳の前頭前野という部分が過剰に反応しているようなのです。この部分は、感情や記憶、痛みの感じ方に関係していることが知られています。

また、患者さんの多くは、実際に採血を受けたときの嫌な記憶を持っていることもわかりました。この「過去の記憶」が仮想体験中の脳の過剰反応に関係している可能性が推察されます。

さらに、患者さんたちは健康な人に比べて心拍数が高く、瞳孔が大きくなるなど、体全体が交感神経優位の強いストレス状態にある傾向もみえてきています。

VRが痛みの治療に役立つ可能性

次は、このような研究をどのように治療に役立てるかです。アイデアの一つは「仮想空間での体験」を利用した新しい治療法です。たとえば、VRを使って患者さんが恐怖や不安を感じることなく体を動かす体験を提供すれば、脳や体の反応を徐々に改善できるかもしれません。

たとえば、動かすと痛いと感じていた腕や脚を、VRの中で自由に動かすことができたらどうでしょう? 「動かしても大丈夫なんだ」と脳が自然と学び、体の反応も出ず実際の生活でも動きやすくなる可能性があります。

さらに、仮想空間においては、ユーザーが操作するアバター(=自分の分身となるキャラクター)の外見や特徴が、そのユーザーの行動や態度に影響を与える「プロテウス効果」というものがあることがわかっています。[50]

たとえば、魅力的なアバターを使用すると、ユーザーは自信を持って他者と接し、積極的な行動をとる傾向が出るというようなものです。プロテウス効果は、

プロテウス効果

教育やビジネスなどの分野での応用が期待されていますが、痛みの分野でも運動意欲や成果が向上する可能性があります。

未来の疼痛治療へ向けて

痛みのネガティブな体験が少なからず脳に記憶され、体の反応を引き起こし、痛みとして我々を苦しめていることを考えるとき、記憶を書き換えることができたらどれほど良いものかと考えてしまいます。現実的に記憶を変えることは不可能かもしれませんが、VR空間でのポジティブな経験は、いわば良い方向に脳を「だまし」てやるようなもので、今後の痛みの治療法を大きく変える可能性を秘めています。痛みのメカニズムを科学的に解明しながら、新しい技術を取り入れることで、慢性疼痛患者さんの生活の質を向上させることができればと願っています。

第5章　最新の知恵で「痛み」と向き合う

市販の痛み止めの使い方

この章では、実際に痛みに対処する方法について、最新の医学の知見も交えながら考えていきたいと思います。まずは市販の痛み止めについてです。

ドラッグストアに行くと、喉の痛みや腰の痛みの薬などさまざまな薬が売られています。値段が安いものから高いものまでいろいろとありますが、皆さんはこれらの成分と薬効がどのようなものかご存じでしょうか？

実は市販の痛み止めは一部を除いて二つのタイプしかありません。一つめは「非ステロイド性消炎鎮痛剤」（以下ＮＳＡＩＤ）と呼ばれるもの、もう一つは「アセトアミノフェン」と呼ばれるものになります。

どの痛み止めもそれぞれ痛みを抑えるメカニズムがあって効くわけですから、痛みが生じているメカニズムとうまく合致しなければ効きません。

市販の痛み止めの種類

	NSAID（非ステロイド性消炎鎮痛剤）	アセトアミノフェン
主な成分名	イブプロフェン、ロキソプロフェン、ジクロフェナクなど	アセトアミノフェン
商品名の例	イブ、ロキソニン、新セデス、バファリンＡなど	タイレノール、小児用バファリンなど
特　徴	外傷、関節痛、筋痛、歯痛などに対し炎症を抑え痛みを和らげる。 炎症を起こさないタイプの痛み（胃痛、腹痛など）には基本的には効果なし。	脳の体温中枢や中枢神経（下行性疼痛抑制系）に作用し解熱・鎮痛効果を発揮する。 抗炎症作用はほとんどない。
主な副作用	腎機能障害、胃潰瘍・胃炎、薬剤乱用性頭痛など	肝障害など

ＮＳＡＩＤが効くメカニズム

まずは最も代表的な痛み止めであるＮＳＡＩＤです。こちらは、打撲などのケガをして組織が腫れたようになっているタイプの痛みには良く効きます。そのメカニズムは次のようなものです（やや専門的になるので難しいと思われた方は少し飛ばしていただいても構いません）。

ケガをしたり、異物が入ったりするなどして組織が傷つくと神経が反応し、患部の血管が拡張して赤くなります。そして、血管からは水分と一緒に大量の免疫細胞が患部に流れ出てきて、サイトカインと呼ばれる特有のタンパク質分子を分泌し病原体を攻撃します。これによって同時に患部の細胞が刺激され、炎症物質であるプロスタグランジンが生成され、ブラジキニンという物質が神経を刺激して痛みを生じます。

このような状況下でNSAIDはプロスタグランジンの生成を担う酵素（シクロオキシゲナーゼ）を抑制する作用を持ち、これにより痛みを抑えます。このプロスタグランジンが関与する痛みは多くあり、外傷、関節痛、筋痛、歯痛、生理痛、一部の頭痛などさまざまですが、いずれも少なからず腫れを引き起こすようなタイプの炎症です。逆に言うと炎症を引き起こさない筋肉痛、胃やお腹の痛み、歯痛でも病巣が神経まで及んでいるようなものには基本的に効きません。

NSAIDの代表的なものはイブプロフェン、ロキソプロフェン、ジクロフェナクなどですが、非常に簡単に手に入り、病院の処方薬としても腰痛や膝痛の治療に極めて多く使用されています。

NSAIDの副作用

しかし、NSAIDには副作用として①腎機能障害、②胃潰瘍・胃炎（消化管障害）、③心血管障害、④薬剤乱用性頭痛などがあることを知っておく必要があります。②胃潰瘍・胃炎は自覚症状が出るのでわかりやすいですが、問題になりやすいのは①の腎機能障害と④薬剤乱用性頭痛です。

急性腎障害が発症すると、長期的な腎機能障害を引き起こすことがありますので安易にNSAIDを長期間使用することは避けたほうが良いのです。しかし、実際には膝や腰が痛い高齢者には漫然と使われる傾向が強く、そうした患者さんはそもそも加齢により元から腎機能が低下していることが多いので重々注意が必要です。

また、NSAIDは頭痛でも頻繁に使われますが、薬剤乱用性頭痛には気をつける必要があります。頭痛薬を常用していると脳が痛みに過敏になり、ちょっとした刺激で強い痛みを感じるようになるものです。

その場合の治療は、実は「NSAIDの使用を止めること」なのですが、頭痛をなんとかしたいという思いから逆に多く使ってしまうことがあり、そうするとむしろ痛みが悪化することは知っておく必要があります。

アセトアミノフェンが効くメカニズム

もう一方のアセトアミノフェンは、COVID-19（新型コロナウイルス感染症）の流行により皆さんも名前を覚えられたかもしれませんが、古くから使われている解熱鎮痛薬です。

ＮＳＡＩＤと同じようにプロスタグランジンの生成を担う酵素（シクロオキシゲナーゼ）を阻害する効果もあることから、ＮＳＡＩＤの一つとして取り扱われたこともありました。ただ、実はその作用は弱く、解熱効果は高い一方で抗炎症作用はほとんどなく、ＮＳＡＩＤとは異なるメカニズムで鎮痛効果を発揮することがわかってきています（ちなみに解熱作用は、脳内視床下部の体温調節中枢に働いて熱放散をさせることによるものです）。

鎮痛効果については、これまた専門的になりますが、脳の一部でシクロオキシゲナーゼを阻害するのに加えて、次節に登場する大麻の成分と関係するカンナビノイド受容体の活性化、そして第３章で触れた下行性疼痛抑制系の活性化がかかわっていると考えられています。要は中枢神経に働きかけて痛みを抑えるわけです。

従って、理屈から言えば、アセトアミノフェンは四肢に生ずるようなさまざまな痛みに対して鎮痛効果を発揮することが推察されますが、痛みのおおもとに働くわけではないため、効果が弱い傾向があります。

ＮＳＡＩＤのような胃腸障害や腎障害の副作用はありません。しかし、アセトアミノフエンの副作用として肝障害には注意が必要です。こちらも、むやみに乱用するのは避けたいものです。

麻薬・モルヒネ・オピオイド

麻薬と聞くとおどろおどろしい感じがしますが、医療用に使われるモルヒネを思い浮かべる方もいらっしゃると思います。

モルヒネは古代から使われてきている強力な鎮痛薬ですが、それに関係して皆さんにいくつか知っておいていただくと良いことがあります。

（1）モルヒネとは何か？　オピオイドとは？

モルヒネの歴史は紀元前に遡るほど古く、古代エジプトにおいてすでに、ケシの果汁を乾燥させた物質が痛みを和らげ、精神を落ち着ける働きがあることが知られ、使われていたとされています。

このケシから取り出した物質がアヘン（英語でオピウム）です。ドイツの薬剤師F・ゼルチュルナーが19世紀初めにアヘンから薬効のある成分を単離することに世界で初めて成

オピオイドの分類

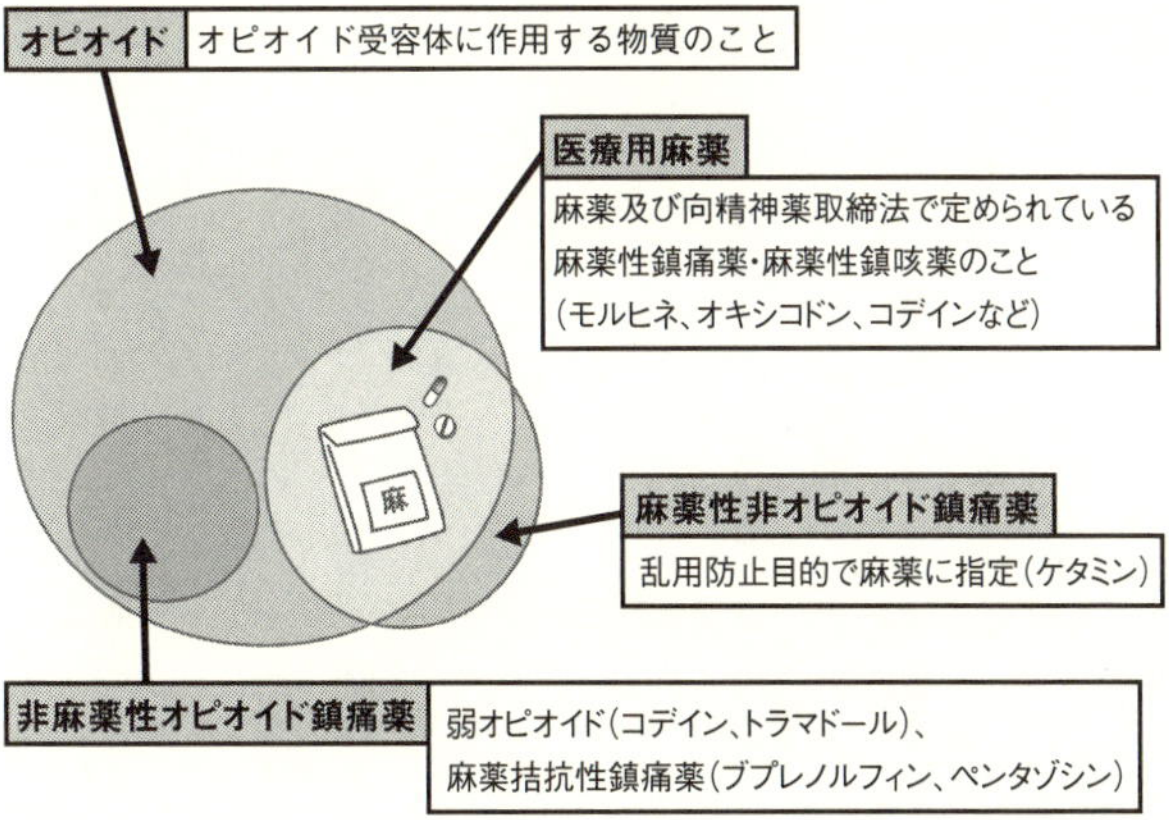

功しました。これがモルヒネです。ちなみにモルヒネという言葉は、この単離した薬を売り込む際に、ケシの花に囲まれて眠るという夢の神モルペウスにちなんでつけられたものです。

さて、このモルヒネは中枢神経（脳・脊髄）および末梢神経に分布するオピオイド受容体に結合することで効果を発揮します。しかし、唯一モルヒネだけがこのオピオイド受容体に結合できるわけでなく、合成された薬剤でモルヒネ受容体に結合できる他の物質をオピオイド（オイドとは「ようなもの」の意なので、「オピウムのようなもの」）と呼びます。

オピオイドはフェンタニル、オキシコドン、コデイン、ブプレノルフィンなどさまざまなものが医療用に開発されていて、それぞれ特性が異なります。

ちなみに、我々の身体にもともとあるオピオイドにはβ《ベータ》エンドルフィン[51]があり「脳内麻薬」とも呼ばれています。

βエンドルフィンはストレスや快楽、精神的感動などが引き金となって脳から分泌されることで幸福感や気分の高揚、鎮痛効果を引き起こします。マラソンで苦しい状態が一定時間以上続くと、脳内でそのストレスを軽減するためにβエンドルフィンが出てランナーズハイを引き起こすことは良く知られています。

（2）麻薬とは何か？

麻薬と言えばモルヒネもしくはオピオイドを指すようなイメージを持っている人も多く、一般にそのように使われることもありますが、法律的にはそうではありません。というのも、アメリカ合衆国やカナダの規制法によれば、麻薬にはオピオイドだけでなく、コカインや大麻も含まれるのです。日本の法律では麻薬取締法（現在は麻薬及び向精神薬取締法）で規定されたものが麻薬です。

たとえば、ケタミンはモルヒネ受容体に結合しない麻酔薬ですが、乱用による社会的影ていません。

響が問題視されて麻薬指定を受けています。逆に咳《せき》止めや下痢止めに使われているコデインはモルヒネ受容体に結合するオピオイドですが、低濃度の１％のものは麻薬指定は受けていません。

なお、麻薬指定を受けている薬剤については、その依存性など危険性が高いことから麻薬免許を持った医師でないと処方できないことになっています。特に病院に入院中の患者さんに麻薬を処方した場合、金庫で保管の上、使用の際にはきちんと服用したことを確認することが不可欠です。

麻薬製剤の包紙やアンプルなどを回収することも義務付けられています。僕も受け持ち患者さんが包紙をそのあたりのゴミ箱に誤って捨ててしまい、それを探すためにたくさんの看護師や同僚に協力してもらって病院中のゴミ袋を探しまわり事なきを得た苦い思い出があります。

このように厳しい管理が義務付けられている麻薬ですが、外来薬として処方すると今度は患者さんに義務が生じてきます。たとえば他人に譲ったりすると、先に述べた麻薬及び向精神薬取締法で処罰されます。

なお、使った後の薬の包紙については普通のゴミとして捨てて良いことになっていますが、使い残した麻薬については病院または薬局に返却することとされています。

どうしてこのように厳しいのか。そこには〝依存〟という問題が大きく横たわり、社会的な問題にもつながりかねないからです。

（3）〝依存〟と〝嗜《し》癖《へき》〟

依存という言葉は日常生活の中でもよく使いますが、医学では旧来より依存について、身体依存と精神依存という二つの種類があるという考え方がとられてきています。

身体依存とは、薬物が使用できなくなると、汗が出る・手が震える・幻覚や意識障害が起きるなどの離脱症状が現れる状態です。

また、精神依存とは、薬物を使わないと、物足りない・不安になる・薬物なしではいられなくなるといった、薬物が欲しいという強い欲求＝渇望が現れる状態とされています。

どのようにして依存が生じるかについては「報酬系」[52]と呼ばれる神経回路が大きな役割を果たしていることがわかっています。

報酬系は一般に楽しさや気持ち良さをもたらす刺激（報酬刺激）に応答して活性化しますが、これにより嬉しさや意欲などの感情（多幸感）が引き起こされ、人間はこれを経験

薬物依存の悪循環

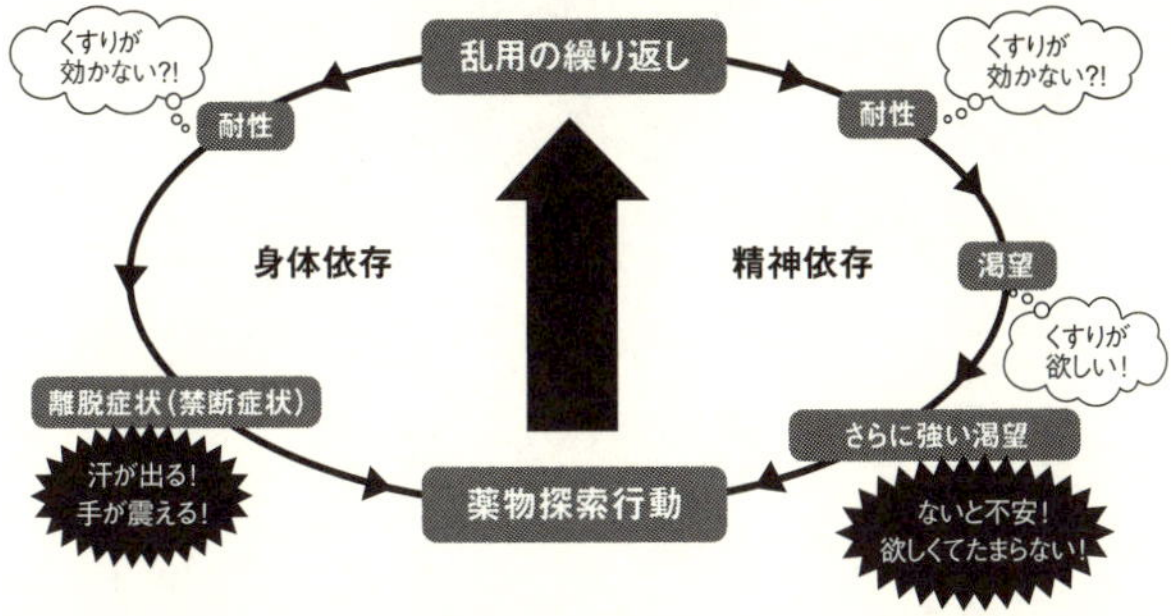

として学習します。その際に働く脳内神経伝達物質がドーパミンです。モルヒネは脳における鎮痛と同時にドーパミンの分泌を促し、結果として多幸感が引き起こされることになります。何もしないのに多幸感が出てしまうので、なかなかやめられない（精神依存）ことになるわけです。

僕の患者さんで、腰の痛みをきっかけにある種の弱いオピオイドを別の医師が出してくれるようになった方がいます。その方の趣味はマラソンでしたが、オピオイドを使うと痛みもなく走れるということでどんどん使いながら走るようになりました。マラソンが内因性のオピオイドを出してランナーズハイを引き起こすのに加えて、外からもオピオイドが加わるので、とにかく気持ちが良くて痛くもない。しかしその結果、痛みもないのに薬を使い続ける状況になってしまったわけです。

こうなると、「嗜癖《しへき》」という状況になっているとも言えます。嗜癖は精神依存よりも広い概念であり、有害な副作用があるにもかかわらずオピオイドを持続的に使用したり、痛みもないのにオピオイドを強迫的に服用したり探し求めたりする行動であり、身体依存はない状態とされています。すなわち、どちらかというと概念であり、好きなんだから仕方ない、といった状況に陥ってしまうことになるのです。

さて、実際に痛みに悩む患者さんのことを考えてみると、この依存の問題は厄介です。誰でも歯が痛くて眠れなければ、薬でなんとかしようと思うし、それが効けば、再び痛い状況になれば使うに決まっているからです。人によっては、ほんの少し痛いだけでも薬を使ってしまいます。しかし、こうしたわずかなきっかけから精神依存に入ってしまうこともあるので注意が必要です。

なお、これまでの研究において、非常に強い炎症性の痛みがあるような状況下では報酬系が働きにくくなっており、精神依存にはなりにくいという研究が存在しています。いずれにしても、医師と患者が十分に話し合い、状況を共有しながら治療や処方を進めることが欠かせないと言えます。

痛いから寝られない？　それとも寝られないから痛い？
――睡眠導入剤とその課題

歯が痛くて寝られない、という状況は多くの人が経験しているのではないかと思います。我々はズキズキするような強い痛みがある状態ではなかなか寝られないものです。また、痛みの原因や自身の置かれている状況など、いろいろな不安が頭をよぎると頭は覚醒し、ますます眠れなくなります。このパートでは痛みと睡眠の関係について考えてみたいと思います。

たとえば急に出現した虫歯の痛みのようなものであれば、治療をしっかり受けて痛みが取れればそれで良いのですが、問題は痛みが慢性化するなどして妙な悪循環に入ってしまうケースで、なかなかこれは厄介です。

皆さんは徹夜マージャンをしたことがあるでしょうか？　僕たちはよく学生時代に下宿で同級生たちとこたつを麻雀卓にして一晩中疲れきるまで麻雀をしたものですが、その後半くらいからは腰や肩などがすごく痛くなってきたものです。また、僕の場合医学部の試験の前に、恥ずかしながら一夜漬けで勉強をしないといけないことがあって、カフェイン剤を使うなどすると確かに眠くはならないのですが、途中から身体中が疲れて痛くて仕方がない、といった状態を経験しました（徹夜で夜勤などをしてもそうですね）。

すなわち、我々はずっと起きているとかなり疲れて、同時に身体が痛くなってきます。そして、ひどいときはいったん寝て起きてもまだ痛いというようなことも経験するものです。眠らないでずっと身体を使っていると痛みが出てくるというのはある程度間違いないことだろうと思われます。

この眠り（＝睡眠）と痛みについては、国際学会などでも「7時間は眠った方が痛みが少ない」などのデータが出てきますが、そうは言っても痛いところがあれば眠れないし、そもそも歳をとったからなかなか眠れないんだよ、といった声はよく聞くところです。

眠りのリズムと痛みの関係

また、眠りを考えるうえでは一日のリズム、すなわち概日《がいじつ》リズム（サーカディアンリズム）というものがどのように構成されているかということも重要になってきます。

概日リズムにはメラトニンとコルチゾールという二つのホルモンが大きな役割を果たし

概日リズムと睡眠の関係

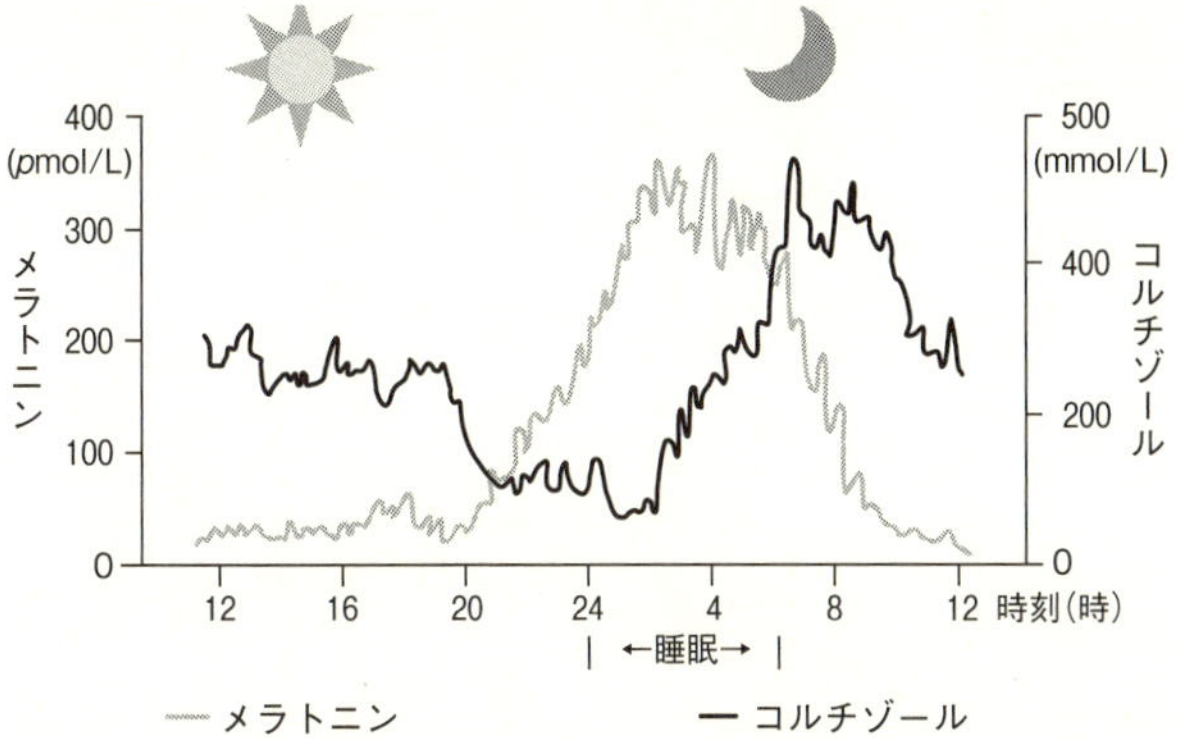

(van Coevorden A et al., Am J Physiol. 1991: 260: E651-61)

ていることがわかっています。[53]我々は夜暗いところにいると脳からメラトニンが分泌され、眠たくなります。また、朝になると副腎皮質からコルチゾールが分泌され覚醒していきます。従ってこれらのホルモンの分泌に不具合が生じると概日リズムが崩れることになります。

たとえば赤ちゃんの場合、脳からたくさんのメラトニンが放出されるため非常によく眠ります。いわゆる〝寝る子は育つ〟というのはこのことです。しかし、このメラトニンは年齢を重ねると脳からあまり分泌されなくなることが知られています。

一方、コルチゾールについては年齢を重ねても基本的に減らないことがわかっていますから、どうしても高齢者は寝られない傾向になってしまいます。

このコルチゾールですが、我々の身体の保持には必須な内因性の副腎皮質ステロイドで、強力な抗炎症作用や免疫抑制作用を有しています。概日リズムとは別に、心身にストレスがかかった時に分泌されて我々の身体を守ろうとするため、コルチゾールは「抗ストレスホルモン」とも呼ばれています。

つまり我々の体にとっては、痛みがあることそのものがストレスとなり、コルチゾールが分泌されることで眠れなくなるという側面があるのです。

痛みと眠りの不思議な関係

他にも、痛いから寝られないのか？　という問題に関連して、非常に興味深いことがあります。俗に「風が吹いただけでも手が痛くて仕方ない」と言われる神経障害の痛みなどを持った患者さんが、外来で待ち時間にうとうとと寝ていることがあります。そんな方に「起きてください」と言って痛いところを触っても、実は起きないことが多いのです。このような人たちはしばしば「眠るのは問題ありません」と言われたりします。

一方で五十肩など関節を動かすと痛いような患者さんは「寝返りをしても痛くて目が覚

める」といったことを訴え、睡眠障害がほぼ必ずと言っていいほど起こります。

末梢と中枢を結ぶ神経のトラブルによる神経障害の痛み（神経障害性疼痛＝詳しくは第2章）は、神経が眠っている状態であれば痛くないのか。そして、末梢の組織障害による侵害受容性疼痛の場合は、末梢から刺激が絶えず入るので痛みで眠れないのか。まだメカニズムは完全には解明されていませんが考えさせられるところです。

「痛くて眠れない」への対策

いずれにしても、眠れないと痛みが増すこと自体は間違いないことですので、それであれば薬で眠ってもらいましょうという考えはそれなりに的を射ています。これまで我が国では、高齢で寝られない患者さんに睡眠導入剤としてベンゾジアゼピン系の薬剤を多く使ってきた歴史があります。

このベンゾジアゼピン系薬物には、抗不安作用、催眠・鎮静作用、抗痙攣《けいれん》作用、筋弛緩《しかん》作用などがあり、睡眠薬や抗不安薬としてだけでなく、肩こりや腰痛に伴う痛みの治療薬としても使われてきています。

こうした処方は一般には安全性が高いとされている一方で、通常容量で使っていても、長期服用を急に中止すると不安、不眠、頭痛、筋肉痛などの離脱症状が出るため、やめられなくなるケースが非常に多く見られます。

特に高齢者ではもともと眠りにくいことも相まって、中には2～3種類の薬を同時に服用している人も見られます。そうなると起きてからも薬が効いていたりして、ふらつきや転倒につながり、しばしば高齢者骨折の要因となっています。

そんなこともあり、最近はこれらの薬は厚生労働省から向精神薬に指定され、30日分に処方を制限する決まりもできています。日本で睡眠薬として使われているベンゾジアゼピン系薬剤は、一人当たりの使用量や総消費量において世界のトップであり、このような問題を引き起こさないオレキシン受容体遮断薬などの使用に置き換える動きが進んでいます。

抗うつ薬と痛みの関係

痛みの治療に「抗うつ薬」が使われることがあります。何も言われずに処方された患者さんにとっては「私はうつではないのに、なぜ抗うつ薬？」と思ってしまうのももっともです。正しく理解するためにも、ここで仕組みを解説しておきましょう。

抗うつ薬がなぜ痛みに効くのか

抗うつ薬が痛みに対して効果を示す理由の一つは、第3章で紹介した「下行性疼痛抑制系」の働きにあります。このシステムは、脳から脊髄へと下行する神経経路を介して、痛みの信号を抑制する役割を果たします。抗うつ薬は、主にセロトニンとノルアドレナリンという神経伝達物質に作用し、このシステムを強化するのです。

具体的には、三環系抗うつ薬（TCA）やセロトニン・ノルアドレナリン再取り込み阻害薬（SNRI）は、脳内でこれらの神経伝達物質の再取り込みを阻害することで、濃度を高めます。セロトニンとノルアドレナリンは、痛みの信号を伝達する経路を抑制する働きがあります。これにより、痛みの感覚が減少し、患者は痛みを和らげることができます。たとえば、デュロキセチンやミルナシプランといったＳＮＲＩは、このメカニズムを通じて神経障害性疼痛や慢性疼痛に対して高い効果を示します。

また、長引く痛みはしばしばうつ状態を引き起こします。慢性的な痛みは生活の質を大幅に低下させ、精神的なストレスや無力感をもたらします。

このような状況では、痛みそのものだけでなく、痛みに伴ううつ状態の治療も重要です。抗うつ薬は、うつ病の治療においても広く用いられており、患者さんの気分を改善し、生活の質を向上させる効果があります。

ちなみに、うつ状態が改善されると、患者さんの痛みに対する耐性も向上します。これは、うつ病による精神的な負担が軽減されることで、痛みに対する認識や反応が変わるためです。

心理的なストレスが減少すると、痛みの感覚も緩和されることが多く報告されています。つまり、抗うつ薬は、痛みとその関連症状の両方に対して総合的な治療効果をもたらす可能性があるのです。

抗うつ薬を使う際の注意

とはいえ、抗うつ薬の使用には、適切な薬剤の選択と用量の調整が必要です。というのも、吐き気やふらつきといった副作用が出ることも多いからです。個々の患者の状態や痛みの原因、併用薬との相互作用を考慮しながら治療を進めることで、最大限の効果を引き出すことが大切になります。また、医師と患者とのコミュニケーションを通じて、治療に対する理解と協力を築くことも重要です。

以上のように、抗うつ薬は下行性疼痛抑制系の強化と、痛みによるうつ状態の改善という二重のメカニズムを通じて、痛みの治療に有効であることが示されています。この二つの作用が相まって、患者の全体的な症状の軽減と生活の質の向上に寄与するのです。もちろん、副作用が出ることもありますから、使用にあたって不安がある場合は、医療従事者としっかり話し合うことが肝要になると思われます。

痛みに対する手術とその考え方

手術は関節障害や脊椎疾患など痛みを引き起こす疾患に対しても広く行なわれています。メスなどの器具を用いて外科的に治療することで、病変や組織を物理的に大きく変える可能性を有しており、多くの患者さんにとっても最後の手段と期待する部分も多いと思います。

ただ、メスを握ってきた立場から手術を考えるとき、自分としては必ず患者さんに知っておいてもらいたいことがいくつもあります。

痛みに対する手術療法とそれ以外の手術の違い

まず知っておかないといけないのは、骨の変形がかなり進んでいても全く痛くない患者さんが非常に多いということ（118ページの変形性膝関節症の項を参照）、さらにひどい神経圧迫があっても痛みがない人も多いことがわかっていることです。

このような人に手術をするべきなのか？　答えは自分自身が手術を受ける立場であれば否でしょう。逆に画像で悪いところが見つからず、痛みが強い人に手術をするべきなのか？　これもおそらく否でしょう。

日本整形外科学会の理事長もされていた恩師の山本博司教授は、ＭＲＩやＸ線の画像（影：Shadow）に振り回されるなという意味で〝Shadow Surgery（「画像」を治そうとする手術）〟をしてはいけない、〝Shadow Surgeon（「画像」頼みの外科医）〟になるな、ということを口酸っぱく言われていましたが、本当に大切なことだと思います。

しかし、現実的にはＭＲＩなどの画像は医師を惑わせ続けますし、画像を使って説明をされると患者さんたちは簡単に納得して手術をすることになります。ただ、それらしい画像であっても、必ずしも痛みを引き起こしていない可能性もあるわけで、手術という後戻りできない選択を行なう際には慎重の上にも慎重を期す必要があると考えています。

手術の結果を知っておく

多くの方は「手術すれば元通りになる」と期待して手術を受けていることだろうと思います。人工関節手術を行なった結果「全く痛くない」と言っている方はもちろんいらっし

腰椎術後の症状に関するアンケート結果

1. 術前および術後の症状の変化

症状	術前有症率（%）	消失（%）	軽減（%）	不変（%）	悪化（%）
腰の痛み	94	25	66	7	2
腰のだるさ	71	22	65	-	-
脚のしびれ	70	34	48	14	5
下肢の冷感	43	19	44	30	7
足底の違和感	35	24	46	22	9

注：一部の症状については、術後の「不変」や「悪化」の割合が明示されていないため、該当箇所は「-」としている。

2. 手術満足度の分布

満足度	割合（%）
満足	24.5
おおむね満足	53.9
少し不満	16
不満	5.9

（「慢性の痛み対策研究事業」尾張旭市調査データより）

ゃいますし、特に最近の人工関節は正座もできるように設計されているなど、技術が進んでいるのも確かです。また、脊椎の手術をしてスポーツに復帰している方もおられます。

しかし、ここまで述べてきたように手術においては、リスクがある中で何かを犠牲にして何かを得る、という事態が多く生じます。

我々が愛知県尾張旭市で行なったアンケートでは、多くの方が術後に痛みを残していることがわかっています。また腰椎術後の症状に関するインターネットアンケートでは、特に下肢の冷感や足底の違和感は他の症状に比べて残りやすい傾向が見られました。[54]
腰痛だけで脊椎の手術をすることはまれであり、一般には下肢の麻痺や神経障害性疼痛の治療を目的に行なわれます。しびれが改善したという方もおられますが、下肢のしびれだけで手術を選択するのは問題があると考えられます。

手術を行なったことで引き起こされる問題点を知る

「古傷が痛む」ということは古くから言われますが、手術自体も組織を傷つける行為です。手術を行なうにあたっては皮膚を切開し、筋肉を切らないといけませんから、処置を行なった組織・筋へのダメージなどにより痛みを引き起こす可能性は必ず生じます。

特に、修復の過程で生じてくる組織やそこに入り込んでくる神経の関与は大きな課題です。

我々の体の組織は、たとえば切ったり裂けたりすると、周辺の細胞が活性化し、新たに「肉芽《にくげ》組織」というものが形成されます。肉芽組織の中には神経や血管が入り込み、傷のある組織に栄養が送られます。

そうして、ある程度まで肉芽組織が増殖すると「筋線維芽組織」というものになり、コラーゲン線維などがつくられ、傷口を接合させて治そうとします。

一般に10日程度経てば抜糸できますが、3週間も経てばそう簡単には引き剝がされない程度に癒合します。外から見るとミミズ腫れのようになっている状態がそれですが、その後次第に線維組織主体になっていき、固い線維組織（瘢痕《はんこん》組織）の中に血管や神経が走っているような状況が生じていきます。

問題はこの固まった組織が動作などの妨げになり、神経も中に入っているので痛みの原因になってしまうということです。

これは時間が経てば余計に固まっていきますから、早期のリハビリが大切です。たとえば手首の骨折では以前はギプス固定が多く選ばれていましたが、骨が癒合するまでにはどうしても4週間以上かかりますから固まりやすくなります。

そのため、最近は骨折の手術では、ギプスで固定して治すよりも、プレートでいち早く固定してリハビリを行なうほうが成績が良いということで多く行なわれています。

瘢痕の問題はいろいろな手術で生じます。たとえば、脊椎外科では神経の圧迫解除を行ないますが、それ自体が神経周囲の癒着瘢痕を作ることになり、体の動きなどで神経が刺激され痛みが生じてしまうこともあります。

そうした事態を回避するため、「スクリューロッドシステム」という器具を使って脊椎を固定する手術を同時に行なったりします。そうすると固定されたところは良いのですが、近接する脊椎の椎間板などに負荷がかかるため、別の脊椎病変を作ってしまうことがあることも知られています。[55]

若い方であれば体をよく動かすので、手術したところの周辺に大きな影響を及ぼすでしょう。高齢の方であれば関節の変形が進んでいたり、骨粗しょう症で骨がもろくなったりしていることもあります。

また、脊椎の手術に限らず人工物（スクリューや人工関節など）は細菌感染を招きやすく、その対策も行なわないといけません。いずれにしても、将来の先読みを十分に行なったうえでの術式選択が非常に重要になってきます。

手術の現状と今後について

実際に手術を行なう外科医についても少し触れておきます。

手術の経験が豊富で、さまざまな状況に的確に対応できる外科医が、優れた外科医ということになろうかと思います。一方で手術には「学習曲線」という言葉があります。つまり、外科医の技術は通常、徐々にグレードアップしていくもので、最初から100点を取れる人はいないのだろうとも思います。

医療機関では、一定の経験と技術があると認められた者が術者を任されるのが通常です。しかし、（手術だけではないですが）見ているだけでうまくなるわけもなく、実際に自分でやってみないとわからない部分も多々あるのに、訓練する場所もない、ということがしばしば生じます。

そこで医療の分野でも、技術革新が日々進んでいます。たとえば「ナビゲーションシステム」というものがあります。その名の通り、車のカーナビと同様、今どこを切開していて、どの方向に進んでいけば安全に病変部に到達できるのか、画像で把握することができるというものです。他にも、ロボットを使った手術など、さまざまな取り組みが進んでいます。

これらをシミュレーターとしても使いながら訓練していくことが医師にとって今後重要になっていくと思いますし、現場の緊張感の中で実力が発揮できることにもつながるのではないかと考えます。

とはいえ、手術の本質が技術革新によって変わるわけではありません。手術は、痛みを引き起こす疾患に対する有効な治療法の一つですが、リスクや限界も伴います。患者さん自身が手術のメリットとデメリットを十分に理解し、医師とよく相談した上で、最適な治療法を選択することが今後も大切になっていくものと思います。

長引く痛みを電気で制御する

ここでもう一つ別の治療の考え方を紹介しましょう。

痛みを伝えるのも神経系であれば、痛みを経験する脳そのものも神経です。神経が電気シグナルで伝えられているのであれば、薬でなくても電気を使えば制御できるのではないか、という考えが古くから存在します。

そうした考え方を発展させ、実際に医療の現場で行なわれ始めているのが「脊髄刺激療法」と呼ばれる治療法です。

脊髄刺激療法とは

脊髄刺激療法[56]は、第2章で触れた神経障害性疼痛や、難治性の慢性疼痛に対して行なわれます。脊髄の周囲に電極を埋め込み、微弱な電気刺激を与えることで痛みを和らげるもので、薬物療法や神経ブロックなどで効果が得られない場合の最終手段として選択される

脊髄刺激療法

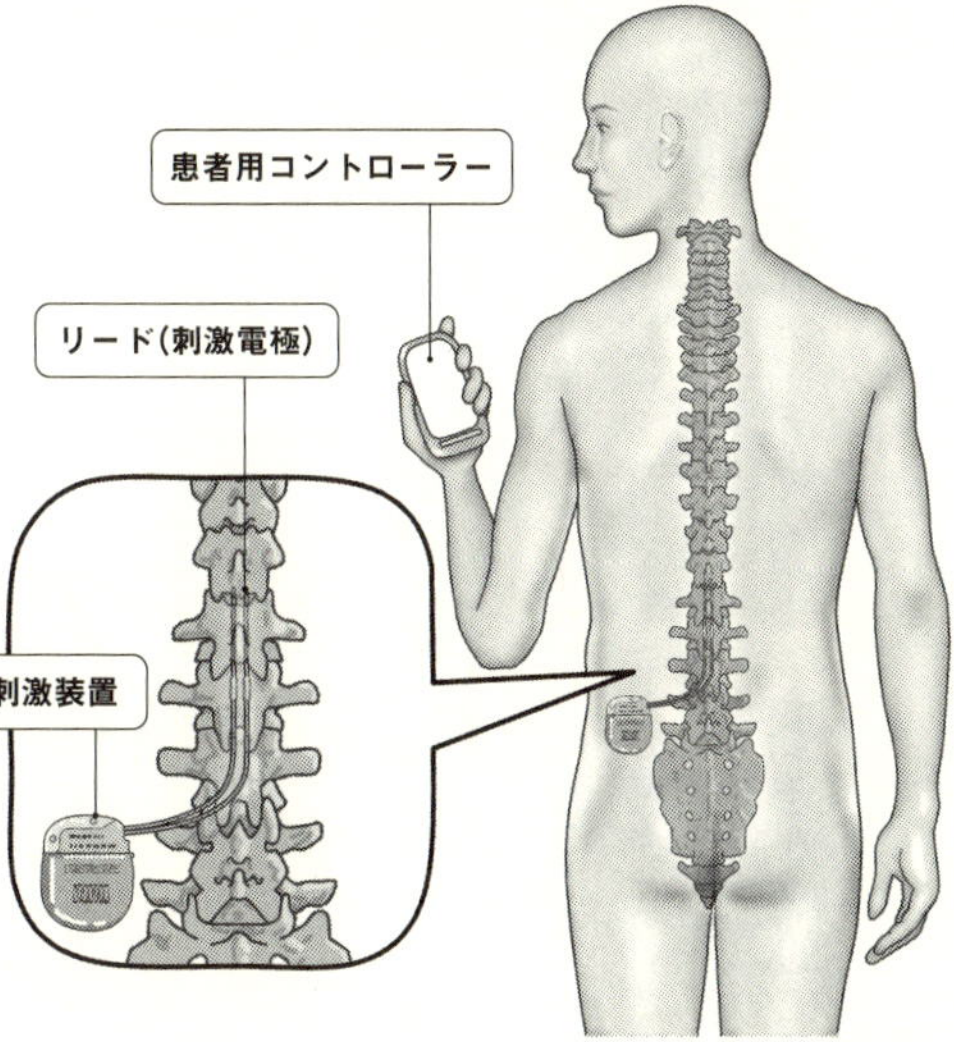

ことが多いです。

適応される疼痛疾患は、脊椎手術後の神経の痛み、複合性局所疼痛症候群（CRPS）、脊椎疾患（脊柱管狭窄症、脊椎圧迫骨折など）の神経の痛み、末梢神経障害による痛み、糖尿病性ニューロパチー、切断後痛（断端痛、幻《げん》肢《し》痛《つう》）、帯状疱疹後神経痛、脊髄損傷（外傷、炎症、腫瘍など）による痛み、脳卒中後（出血、梗塞）の痛みなどですが、必ずしもすべてに効果があるわけではありません。

痛みの感じ方を制御する

この脊髄刺激療法、もともとは「ゲ

ートコントロールセオリー」という理論[57]をもとに考えられたものです。

　ゲートコントロールセオリーは１９６５年にロナルド・メルザックとパトリック・ウォールによって提唱された、痛みの伝達と抑制のメカニズムを説明する理論です。この理論は、痛みの信号が脊髄に存在する「ゲート（門）」によって調整され、脳に伝わる痛みの感じ方が変わるとするものです。

　たとえば、転んで膝を打った時に反射的に「痛い部分をさする」と痛みが和らぐのは、太い神経線維の刺激（触覚）が入るとゲートが閉じ、細い神経線維（痛み信号）の通過を抑えるために痛くなくなる、というメカニズムが働いているというわけです。

　脊髄刺激療法も同様に、電気信号を使って人為的に心地よい刺激を入れてやることで、不快な痛みの改善につなげることができるのでは、という考え方に基づき開発されました。

　近年では、人体ではほとんど感じることのできない微弱な刺激を与える超高周波刺激や、特殊な刺激の組み合わせなどで、より効率的に痛みを緩和する試みが進められています。

ラジオ波治療およびパルス高周波治療

第2章で紹介した「神経障害性疼痛」の治療について、もう一つここで紹介しておきます。

神経障害性疼痛は、神経が直接損傷・障害されることで生じる難治性の痛みのことです。薬物治療だけでは十分な効果が得られない場合に、神経ブロックや神経機能を調整する治療法が適応となってきます。その中でもラジオ波治療やパルス高周波治療は、比較的体への負担（侵襲）が少ない治療法として導入されています。

（1）ラジオ波熱凝固治療（CRF：Continuous Radiofrequency）

ラジオ波治療では、特殊な針（電極）を痛みの原因となる神経に挿入し、高周波電流を流して神経組織を加熱・凝固させます。[58]

治療メカニズムは次の通りです。

まず針の先端から発生する高周波電流により、局所の神経組織を60～90℃程度に加熱します。

神経が加熱されることで、痛みの信号を伝える機能がブロック（遮断）されます。熱凝固により破壊された神経は再生することはなく、比較的長期間（数カ月～1年）の痛みの軽減が期待できます。

適応例としては、帯状疱疹後神経痛、三叉《さんさ》神経痛、脊椎由来の神経障害性疼痛（椎間関節痛、神経根痛）などがあります。

この治療法のメリットは、効果が比較的長く続き、薬物治療が効きにくい痛みに有効であることです。

一方でデメリットとしては、不可逆的に神経を破壊するため、神経の機能が失われるリスクがあること、また、にもかかわらず痛みが再発することがあることが挙げられます。

（2）パルス高周波治療（PRF：Pulsed Radiofrequency）

パルス高周波治療は、従来のラジオ波治療と異なり、神経を熱凝固させるのではなく、神経にパルス状の高周波電流を断続的に流す治療法です。[59]

治療メカニズムは次の通りです。

針の先端を42℃以下に保ち、神経の組織を破壊しないようにしながら、電磁場を利用して神経の興奮性を抑制します。神経の信号伝達を調整することで痛みを軽減します。神経機能が温存されるため、リスクが少なく、安全性が高い治療法とされています。

適応例としては、神経根障害性疼痛（椎間板ヘルニアや脊柱管狭窄症に伴う坐骨神経痛など）、帯状疱疹後神経痛、三叉神経痛、糖尿病性神経障害痛などがあります。

この治療法のメリットは、神経を破壊しないため、神経機能が保たれ、安全性が高いことです。また、治療の効果を見ながら再治療することも可能です。

デメリットとしては、効果の持続期間がラジオ波熱凝固治療に比べて短い場合がある（数カ月程度）ことが挙げられます。

いずれにしても、もし受診する際は、メリット・デメリットも含め治療の方針を医師と十分に話し合い、納得した上で治療を受けることが大事になることは言うまでもありません。

痛みを克服するための「足場」を築く

痛み医療の業界では「他人と過去は変えられないが、自分と未来は変えられる（カナダの精神科医エリック・バーンの言葉）」とよく言われます。薬や手術で簡単に治らないような痛みの場合、薬物はあくまで補助的手段と考え、むしろ運動訓練を行ない、学んで考え方を変える。そして、生活を取り戻そうという意志をもって、自分自身が変わることで痛みの辛さを跳ね返す、というアプローチが昨今の痛み治療のキーポイントとなってきています。

これに関連して近年「レジリエンス」という言葉が良く使われるようになってきました。

この言葉、元々は〝物理的なストレス＝外力〟による歪みを跳ね返す力として使われ始め、医学においては、〝極度の不利な状況に直面しても、正常な平衡状態を維持することができる能力〟、言い換えると〝精神疾患に対する防衛因子、抵抗力〟という意味で用いられることが多いです。

わかりやすいのはＰＴＳＤ（心的外傷後ストレス障害）の例です。外傷的体験にさらされても全ての人がＰＴＳＤになるわけではありません。実際にＰＴＳＤになるのはそのうちの8〜20パーセントであるとされ、なる人とならない人の差として存在するのがこのレジリエンスと考えられています。もちろんこれは、ＰＴＳＤになる人は心が弱いとか、そういったことを言おうとしているのではありません。

さて、このレジリエンスの強化についてアメリカ心理学会は「レジリエンスを築く10の方法」を提唱しています。

- 親戚や友人らと良好な関係を維持する。
- 危機やストレスに満ちた出来事でも、それを耐えがたい問題として見ないようにする。
- 変えられない状況を受容する。
- 現実的な目標を立て、それに向かって進む。
- 不利な状況であっても、決断し行動する。
- 損失を出した闘いの後には、自己発見の機会を探す。
- 自信を深める。

●長期的な視点を保ち、より広範な状況でストレスの多い出来事を検討する。
●希望的な見通しを維持し、良いことを期待し、希望を視覚化する。
●心と体をケアし、定期的に運動し、己のニーズと気持ちに注意を払う。

もちろん自分だけで心身のレジリエンスを向上させ、痛みから社会復帰するところまで行ければそれに越したことはないのですが、すべてのケースで、考え方を変えるだけで痛みは改善するのか？　と言えばもちろん答えは否です。

たとえば会社の上司とのトラブルや家族内での問題をきっかけに線維筋痛症になった方などをみてみると、自分だけでは解決できないケースが多々あることがわかります。当然、このようなものに取り組むにあたっては〝他人＝周辺環境〟を変えるしかないのではと考えられます。

一つ具体例を挙げましょう。Aさんは大手の会社でプログラミングの仕事をしていましたが、社内でのトラブルと同時に頭痛、顎関節症、肩周辺の痛みを発症しました。痛みのために眠れず、いろいろな病院を転々とした後に僕の病院に紹介されました。仕事に戻ることを最優先に考えて、投薬や運動指導を行ないましたが、会社に戻ると不調になることを繰り返し、結局退職を余儀なくされました。

その後、我々のチームのもとで保存的治療と運動療法を続けながら、地元の仲間に助けられて自営業を開始したところ、症状はまだ一部あるものの大きく改善し、今は地域のボランティア業務の責任者を務めるようになっています。

セキュアスペースをどう築くか

このような事例を考えるとき、人間にとって、生きて生活していくうえで必要な〝足場〟となる存在（このケースであれば地元の仲間や医療チーム）の大切さを痛感させられます。〝足場〟は家族、友人、母校、会社、職業的なライセンスなど人によってさまざまであり、目に見える形があるものもあればないものもありますが、いずれにしても、決して裏切られることのない、自分を支えるものです。しっかりした足場のことを専門用語で「セキュアスペース」と呼ぶこともあります。

また、〝足場〟の一つが崩れると人はどうしても不安になるものですが、残りの足場が強固であればなんとか耐えることもできます。すなわち〝足場〟は数が多ければ多いほど、また一つひとつがしっかり太いほど、人は安心感を増すものと思われます。我々医療チームも、安定して患者さんを支えることのできる確固たる〝足場〟になることができればと常に考えています。

〝足場〟の一つでもある治療者自身がどうあるべきなのかについて、僕が常日頃から考えている、（全てを実現するのは難しいですが）理想を挙げておきたいと思います。

（1）治療者が健康で余裕があること
（2）治療者に「安心できる居場所」と「信頼できる人間関係」があること
（3）治療者が人を信じられる人間であること
（4）治療者が他の医療スタッフと信頼関係を築けていること
（5）治療者が人に癒やされていること
（6）治療者が治療において成功体験を持ち、患者の回復を信じられていること
（7）治療者が回復した患者に会うこと、つながっていること
（8）治療者は患者の人と人生を尊重し、対等の立場にあると理解し、決して見下さないこと
（9）治療者が患者に対して偏見・スティグマ（第3章参照）をもたず、克服し、患者

にネガティブな感情をもたず、笑顔で歓迎すること
(10) 治療者は患者に対して味方になりたいと意思を伝え、痛みよりもむしろ患者の困っていることを解消できるよう支援すること
(11) 治療者は無条件で患者を信じることに努め、無理に正そうとしないこと
(12) 治療者は常に診断・治療技術を研鑽《けんさん》し、学ぶこと
(13) 毎回患者の身体状態を診察し、必要であれば検査すること
(14) 患者に良い変化があれば見つけて共に喜び、患者に悪い変化があれば心配をし、正直な思いを話してくれたら感謝すること
(15) 治療者は確固たる信頼関係を構築した上で厳しい治療（外科的な治療など）を行なうこと

慢性疼痛をどう乗り越えるか

慢性の痛みを患っている方であれば、たとえ一瞬でもいいから痛みのない元の自分に戻りたいと願うものかもしれません。しかし、残念ながら我々は過去に戻ることはできません。ただ、痛みを乗り越え順応することで、一度は傷ついた身体や心を変えることは決して不可能ではありません。これは慢性疼痛の呪縛から解放されるにあたって核心の部分であると言えます。

ではどのようにすれば、痛みを乗り越え順応できるのか。このことについて考えるときには、今の自分には何が変えられて、何が変えられないことなのかを知っておくことが重要になってきます。

●変えられるもの

・知識や自分の考え方

・自分の行動、日常生活のパターン
・筋力、体力

●変えられないもの
・生来あるいは新たに持ってしまった身体の弱点
・自分の過去の記憶や経験
・社会や他人の考え方と行動

といったところでしょうか。

要するに今わかっていることは、頑張って一日に少しずつでも運動などを続けていくと必ず体力はついて強化されるということ、しかし、痛みなどの感覚やしんどさ・疲労感といった記憶されているものはそう大きくは変わらないことです。

また、体力がついてできるようになったことは、他人から見れば「その程度か」と思うようなことかもしれませんが、自分にとってはたいへん大きな一歩であったりするということでもあります。

よく患者さんには「痛みがあっても○○ができるようになることを目指しましょう」「運動訓練をしたら良くなりますよ」と話をしますが、その際ほとんどの場合「痛みも良くなるんですか？」と言われますので、「痛みは変わりませんよ」と言うと決まって「な〜んだ」という顔をされます。なので、患者さんには自分の経験として、大学の隣の池の周りを半周（400メートル）も走ることができなかった僕が、毎日ちょっとずつ練習したら、今は日本三大急登の黒戸尾根（甲斐駒ヶ岳）や早月尾根（剱岳）も休まずに登れるようになったことを話しています。その際、気づいたこととして、実は山登りの間は（気持ちいいという感覚はなく）ただただ苦しい感覚がずーっとあり、もうこの先絶対無理だろうという感覚があり続けながらも、それを淡々と続けることで登り続けられるようになるんだよ、という話を付け加えます。

そのうえで改めて、一度覚えた嫌な体験記憶でもある〝痛みの感覚〟は絶対に忘れることはできないけれど、いろいろできるようになったら自分にとっては大きな問題でなくなる時がきっと来るよ、とも付け加えています。

痛みの記憶とどう向き合うか

痛みの記憶そのものは決して消えないことを受け入れることは大切です。物事を乗り越えるためには「何かをあきらめる／見切る」という過程を通ることが必要なのかもしれません。これは、絶対にこちらを向いてくれることのない憧れの人をひたすらストーカーのように追いかけ続けても、心の痛みや虚しさは消えずに残り続けるが、あえて「これは無理なんだ」といったん認めてしまうと、それまで視界の中にありながら見えていなかった、はっとするような素敵なことに気づく——といった経験とも似ているかもしれません。

決して治らない痛みの記憶との向き合い方とは、自分で自分の経験にどう決着をつけるかということにほかならず、最後は自分自身の問題になるということであるように思います。

痛みに強い体をどう鍛える？

痛みの記憶が簡単には頭から消えないとすると、具体的にはまず何を始めれば良いのでしょうか。そこで紹介したいのが、「痛みに強い体を鍛える」方法です。

目指すのは①痛みがあっても自分の好きなことができる、という感覚をつかむこと、そして、②痛みはあるが自分の中では大きな問題ではないと感じられるようになり、痛みに振り回されない状況に至ることです。痛みの呪縛から自分を解放する、と言い換えても良いかもしれません。

そこで、痛みがあっても自由に活動できるためには、継続的に動ける持久力を獲得することが大切です。この持久力に関連するのが、いわゆる「有酸素運動」を行なう能力です。

有酸素運動とはその名の通り、糖質や脂質をエネルギー源として、呼吸で酸素を取り入れながら長時間行なう運動のことです。つまりそこでは、①肺で酸素を取り込み、②心臓のポンプを持続的に稼働して、③血管を通して筋肉まで酸素を送り続ける、という三つのプロセスがかかわってきます。

①で肺の機能を最大限に使うには、深呼吸が十分できるように胸郭を柔軟にして、横隔膜などの呼吸筋を鍛える必要があります。また②、③の心臓のポンプと血管の機能を十分使えるようにするためには、少なくとも1日1回はある程度（できれば最低20分）は心拍を上げて、血管にしっかりと血液を流して筋肉まで酸素を送る習慣をつけておくことが肝要です。

もちろん、同時に筋肉そのものの能力（筋力、筋持久力）もつける必要があり、筋力を向上させるには週2～3回程度の筋力トレーニングが必要となります。

大阪大学の都竹茂樹教授たちが導入している「スロー筋トレ」と呼ばれる筋力トレーニングは、効率が高く高齢者にも有用とされています。[60] ゆっくり運動する＝筋肉に対する時間的な負荷を増加させることにより、筋肉の成長と修復が促進されます。

組織ではテストステロン、成長ホルモン、IGF－1など、筋肉のタンパク質合成を促すホルモンの分泌が促進されます。高齢者に12週間の筋トレを行なってもらうことで筋肉量、筋力、脂肪分布の改善に効果的であることが示されていますので、実践してみると良いと思います。運動の例をいくつか挙げますので、自分に合うものをぜひ取り入れてみてください。

（1）スクワット（椅子を使ったスクワットでもＯＫ）

〈ポイント〉

・太ももやお尻の筋肉を鍛えます。

・椅子の背もたれに手をついて行なう、または「椅子に座った状態から立つ→座る」を繰り返す方法もおすすめです。

〈やり方〉

・足を肩幅くらいに開いて立ちます。

・胸を張り、背筋を伸ばしたままお尻を後ろへ引くようにしながら膝を曲げます。

・太ももが床と平行くらいになるまで下げたら、ゆっくりと体を起こします。

〈注意点〉

・膝や腰に痛みがある場合は、浅めのスクワットでＯＫ。

・ダンベルやペットボトルを持つと負荷を上げられます。

（2）壁やテーブルを使ったプッシュアップ（腕立て）

〈ポイント〉

・大胸筋や腕、体幹を鍛えます。

・床での腕立てがきつい方は、壁やテーブルに手をついて角度をつけると負荷が減ります。

〈やり方〉

・手を肩幅くらいに開いて壁やテーブルにつきます。

・体を一直線に保ったまま、胸を壁（またはテーブル）に近づけるように肘を曲げます。

・ゆっくりと肘を伸ばして体を戻します。

〈注意点〉

・きついと感じる場合は、壁に対して体を少し起こす（より垂直に近い姿勢にする）と楽になります。

・肘の開きすぎや腰の反りすぎに注意しましょう。

（3）ショルダープレス（椅子に座ったままでもＯＫ）
〈ポイント〉
・肩や腕の筋肉を鍛えます。
・ダンベルやペットボトルなど、持ちやすい重りを使います。
〈やり方〉
・椅子に座ったまま、両手で重りを肩の高さに構えます。
・息を吐きながら腕を上に伸ばし、頭の上まで持ち上げます。
・息を吸いながら肩の高さまで戻します。
〈注意点〉
・肩をすくめないように気をつけながら、ゆっくりと動かす。
・無理なくできる重さを選びましょう。

◆回数と負荷の設定の目安
・筋力を強くしたい場合
↓3〜7回で限界になるくらいの負荷

・筋肉を大きくしたい、またはダイエットのために筋肉を増やしたい場合
↓8～12回で限界になるくらいの負荷
・筋持久力を高めたい（疲れにくくしたい）場合
↓13～20回で限界になるくらいの負荷
※持病がある場合は医師に相談の上で行なってください。

これからの痛み治療を考える

だましとプラシーボ効果

ここで、少し意外な痛み治療のコンセプトとして「プラシーボ（プラセボ）効果[61]」というのがあるのでご紹介したいと思います。

プラシーボ効果とは、患者が薬や治療を受けたときに「これは効くはずだ」と信じることで、実際に症状が改善される現象のことです。偽物の薬すなわち偽薬には実際には有効成分が含まれていませんが、期待感だけで痛みや症状が和らぐというものです。

これは極端な例ですが、私が以前従事したタペンタドールという薬の治験では、腰痛や膝痛の治療において、なんと実際の薬よりも偽薬のほうが鎮痛効果があったという結果が出ました。

また、膝痛の手術に関する有名な研究があります。関節鏡を使った手術の際、実際に治療を行なったグループと、皮膚を切っただけで治療を行なわなかったグループを比べたところ、皮膚を切っただけのグループの方が痛みが早く改善したという結果が出たのです。これも、患者が「手術を受けた」と思い込んだことで脳が痛みを和らげる反応を起こした例です[62]。

他にも、ハーバード大学で行なわれた研究では、「ハッピードラッグ」と呼ばれる偽薬を使った実験が行なわれました。この研究では、偽薬であるとわかっていても、患者がそれを服用すると気分が良くなり、実際に症状が改善するという結果が出ました。これは、プラシーボであっても「何かしら効果があるのではないか」と期待することが、脳にポジティブな変化を引き起こすためだと考えられます。

体内の鎮痛システムを活性化する

ここで、ナロキソンという薬とプラシーボ効果のあいだの不思議な関係についてもご紹介しましょう[63]。

ナロキソンは通常、オピオイド（強い鎮痛剤）を過剰摂取した際、その効果を打ち消すために使われます。興味深いことに、プラシーボ効果で痛みが軽減している場合にナロキソンを投与すると、そのプラシーボ効果が消えることがあります。

これは、プラシーボによって脳が生成した「内因性オピオイド」(体内で自然に生成される鎮痛物質。113ページのコラム参照)が、ナロキソンによってブロックされるためです。この現象から、プラシーボ効果は、脳が自分自身の鎮痛システムを活性化させるメカニズムに大きく関与していることがわかります。

このように、プラシーボ効果は単に「偽薬を使ったごまかし」ではなく、脳や体が自分自身の力で症状を和らげる非常に強力な仕組みです。

いずれにしても、脊髄刺激療法などの治療も薬もそうですが、実際の治療効果に上積みして「これは効きそうだ」と感じることでプラシーボ効果が出てきます。従って、患者さんを良くするにあたっては患者さんの「幸せ効果」が出やすいような医療を心がけることは大変重要かと思われます。

ちなみに、プラシーボ効果とは逆の「ノセボ効果」というものもあります。これは、偽薬の副作用について患者さんにうまく説明できないと、その言葉による思い込みから本当に副作用のような症状が出てしまうというもの。偽薬を使う際にはこうしたことにも留意しておく必要があります。

遺伝子発現（＝エピジェネティクス）と痛み治療のこれから

本書も終わりに近づいてきました。ここまで述べてきたように痛みは不快な感覚と情動の体験であり、脳で経験するものです。そして、その痛みは置かれている（置かれてきた）社会／家庭環境やそこでの経験にも大きな影響を受けます。

これらは精神心理の問題とも言え、痛みに対する耐久性・レジリエンスを向上させるための心理的アプローチ、あるいは問題をこじらせない社会を築くための社会医学的なアプローチなどが求められることはこれまでに書いてきた通りです。

一方で、近年の医学はこのような問題における遺伝子の働きにも着目するようになっています。具体的には、その人が持っている遺伝子のスイッチがオンになって使われるようになったり、逆にオフになって使われなくなったりする仕組み（＝エピジェネティクスと言います）と痛みとの関係です。

たとえば幼少期など早期の経験（ストレス、運動、安静、食事、睡眠など）は、僕たちの持っている遺伝子の発現を変容させ、痛みの感じ方や、生物学的構造まで変えてしまうというのです。

エピジェネティクスとは

エピジェネティクスは、痛みに限らず人間が環境に適応するうえで欠かせないメカニズムであり、悪い面だけでなくもちろん良い面も多く見られます。

たとえば私の友人の場合、彼は非常に幼い頃から卓球を父親に指導してもらっていましたが、利き手である右腕のほうが太く長くなっていましたし、その結果考えられないような身体反応でスピードと回転のあるボールを打てていました。

また、有名な体操のメダリストの選手と話をした際に、5歳くらいまでに体操を始めた子でないと空中姿勢というものの感覚はわからないということを言っていました。これは最近のスポーツが特に3～4歳くらいから始めた子たちがとてつもなく優れた才能を発揮していることとも関係しており、少なからずエピジェネティクスを介した事象の一つだと思っています。

痛みとエピジェネティクス

さて、話が少しそれましたが、問題はそれが違った方向で働いたらどうなるかということです。これまでの研究では個体がストレスにさらされると、ストレス関連遺伝子のエピジェネティックな変化[64]の結果、細胞の寿命を司《つかさど》るテロメアの短縮*を加速したり、抗ストレスホルモンであるコルチゾールの効きが弱くなったりして、末梢や中枢神経の疼痛の発生に影響を及ぼす可能性があることがわかってきました。

特に幼少期の逆境的な経験（虐待・ネグレクト、両親の離婚・不仲など）は、ストレス関連の中枢神経系疾患に対する生涯にわたる脆弱《ぜいじゃく》性につながる可能性が指摘されてきています。

たとえば、抗ストレスホルモン[65]として知られるコルチゾールの値が、子供の頃に逆境体験がある人では低下することが知られています。これは同じケガをしたとしても、人によ

＊テロメアは、細胞の中にある染色体（遺伝情報を持つ構造）の端を守る「ふた」のような部分です。細胞が分裂して新しい細胞を作るたびに、このテロメアは少しずつ短くなっていきます。テロメアが十分に短くなると、細胞はもう分裂できなくなり、老化が進んだり、細胞が自然に死んだりします。テロメアが短くなることは、歳をとるときの自然なプロセスの一部ですが、ストレスや病気などで短くなるのが早くなることもあります。

っては強い痛み・苦しみを経験してしまうことを意味します。

また、心理社会的なストレスが発症起点として指摘されている線維筋痛症においては、神経細胞（ニューロン）を支えている「サテライトグリア細胞」という細胞を自分で攻撃してしまう抗体が盛んに作られているという報告もあります。こうした抗体を作ってしまうようなエピジェネティックな変化を抑えることができれば、治療につながる可能性も考えられます。

ただ、こうした治療は一筋縄ではいかないというのも正直なところです。人は群れを作って助け合って暮らすわけですが、常に人間関係やそれにまつわるストレスが生じますし、しばしば争う特性を持った生き物でありますから、そうした環境による遺伝子変容がもしあるとすれば、そこから完全に逃れることは難しいのではないかと思います。

そこで当面できることとしては、繰り返しになりますが、今まさに苦しんでいる最中の人を救うために必要な足場＝セキュアスペース（安全基地としての家庭・職場やその他の居場所）の構築を進めていくことだと改めて思いを新たにしているところです。

おわりに

医師になってはや33年、ずいぶんいろいろな皆さんや先生や仲間たちとともに月日を過ごしてきました。その中でいろいろ学び、今説明できるようなところを2年ほどかけて自分なりにまとめてみたつもりではあります。

しかし、本書もですが痛みの解決に向けた方策はまだまだ不十分としか言いようがありません。というのも、痛みについては未だわからないことだらけなのです。いくら研究が進んでも、前進しても、次々に新しい課題が見えてくる。

自身のことを振り返ってみると、第2章で紹介したｆＭＲＩの研究で、痛みを仮想体験させるだけで患者さんに痛みの経験が再現される（64ページ参照）ことを知ったとき、痛みは記憶され、それに苦しめられる可能性があることを発見しました。すごいことを見つけてしまったと思いましたが、それからは日々、どうしたら記憶に立ち向かえるのか？を考えて過ごしてきました。「ドアを開けるとまた次のドアが見えてくる」と恩師の山本博司教授が言っていたことを思い出しますが、全くその通りでした。しかしまだ次のドアの開け方は十分に見出せていません。

ただ、一部に光明が見えていないわけではありません。たとえば何十年も手の痛みで苦しんでいた患者さんに「あなたの脊髄はすでに傷ついているので、薬を使っても絶対に治らないですよ、だけど運動で体づくりをしたら動きやすくなるのは確実ですよ」と告げたところ、体の動きだけでなく、治るわけがないと思っていたアロディニア（異痛症）も快癒したのです。

また他にも、足のアロディニアを有していた患者さんが、家族関係を修復したら早々に痛みが取れたという事例もありました。

前者は痛みへのあきらめが奏功したのではないかという見方もでき、後者はまたそれとは全く違う背景であるとしか言いようがありません。これらの治療メカニズムについては、当然気のせいというわけではなく、かといって投薬などをしたわけでもありません。なんらかの神経薬理的なメカニズムが働いて、脳が痛みで苦しまなくなったということになります。

こうした現象の解明にあたり、ｆＭＲＩをはじめとした脳科学研究は、脳のどの部分がどのような役割を果たすかという古典的な研究から、今や脳内ネットワーク全体の解析に変容し、大きな役割を果たすようになっています。

改めて私たちの外来を見てみると、痛みが引き起こすトラウマが残るのとあわせ人格まで変わってしまった方、そして一部の四肢が思うように動かないままになってしまった方など、さまざまな患者さんがいらっしゃいます。そうした方々を見ていくと、これらの変容には過去の体験が少なからず影響していることも多いようです。

我々は生きている間に多くの経験をし、そして学び、覚えています。時にはすでに自分では忘れていると思い込んでいる経験によって、身体が自分の意志とは関係なく反応し、痛みの症状が現れてしまったりします。

第5章でも触れた通り、近年の研究を見てみるとこうした変化や反応には、遺伝子発現の変化やそれに伴う神経や身体の器質的変化も同時並行的に起こっていることは間違いありません。これらの研究にエネルギーを注いでいく必要があることは当然です。同時に、現時点でできることを整理し、臨床に反映させる体制づくりを行なうことも必須です。

故丸田俊彦先生は「精神科医が扱う慢性疼痛患者のほとんどはMedically unexplained chronic pain（医学的に説明のつかない慢性疼痛）であるだけでなく、厳密にはMedically and psychiatrically unexplained pain（医学的・精神医学的に説明のつかない痛み）であり、精神科的に説明できれば十分などと考えるべきではない。患者の訴えが身体的なものである限り、いかに心理的な要素が疑われようが、身体面への手当てを欠かすことはできない。そして実際、精神療法よりもリハビリの効果を訴えた患者が多かった」といった趣旨のことを述べています。多くの方が慢性疼痛を学び、理解し、そして次の研究、社会実装をすることができれば次につながるものと思っています。

最後にこれまで指導していただいた恩師の先生方、共に歩んできた医局の皆さん、家族・友人や大切な人、そして患者さんに感謝したいと思います。

参考文献

1 W. G. ブレーキ『リビングストンの生涯』畔上賢造・藤本正高訳（向山堂書房、1934）

2 Caterina, M. J. et al. The capsaicin receptor: a heat-activated ion channel in the pain pathway. *Nature* 389, 816-824, doi: 10.1038/39807 (1997).

3 Indo, Y. Nerve growth factor and the physiology of pain: lessons from congenital insensitivity to pain with anhidrosis. *Clinical Genetics* 82, 341-350 (2012).

4 斉藤博「ヒポクラテスの医学教育」『埼玉医科大学雑誌』31(2), 137-146(2004)

5 田中美千裕「神経の語源と蘭学者の苦悩“ヘロフィロス、ガレノスから前野良沢へと伝えられたpneuma について”」http://nnac.umin.jp/nnac/di2huipuroguramu_files/Tanaka.pdf

6 Raja, S. N. et al. The revised International Association for the Study of Pain definition of pain: concepts, challenges, and compromises. *Pain* 161, 1976-1982 (2020).

7 Nakamura, M., Toyama, Y., Nishiwaki, Y. & Ushida, T. Prevalence and characteristics of chronic musculoskeletal pain in Japan. *Journal of Orthopaedic Science* 16, 424-432 (2011).

8 Inoue, S. et al. Chronic pain in the Japanese community—prevalence, characteristics and impact on quality of life. *PLoS One* 10, e0129262 (2015).

9 Miki, K. et al. Frequency of mental disorders among chronic pain patients with or without fibromyalgia in Japan. *Neuropsychopharmacology Reports* 38, 167-174 (2018).

10 厚生労働省の政策研究班ほか「慢性疼痛診療ガイドライン」(2021)

11　厚生労働省「今後の慢性の痛み対策について（提言）」https://www.mhlw.go.jp/stf/houdou/2r9852000000ro8f-att/2r9852000000roas.pdf (2010)

12　中山昭雄、松村潔「生体の熱特性」『医用電子と生体工学』24, 226-231 (1986)

13　佐藤純「痛みの Clinical Neuroscience (24) 気象痛」『最新醫學』72, 890-892 (2017)

14　Kim, S. H. & Chung, J. M. An experimental model for peripheral neuropathy produced by segmental spinal nerve ligation in the rat. *Pain* 50, 355-363 (1992).

15　熊澤孝朗「生体の防御機構と鍼灸医学 生体の警告信号・防御系としてのポリモーダル受容器の働き」『全日本鍼灸学会雑誌』42, 220-227 (1992)

16　津田誠「神経障害性疼痛の発症維持メカニズム」『ファルマシア』51, 755-759 (2015)

17　森岡周「慢性疼痛の脳内メカニズム」『神経治療学』35(6), S166 (2018)

18　南雅文「情動・報酬系では何が起こっているのか？」『医学のあゆみ』260, 149-154 (2017)

19　矢作直樹『自分を休ませる練習——しなやかに生きるためのマインドフルネス』（文響社、2017）

20　Ogawa, S., Lee, T. M., Kay, A. R. & Tank, D. W. Brain magnetic resonance imaging with contrast dependent on blood oxygenation. *Proceedings of the National Academy of Sciences* 87, 9868-9872 (1990).

21　Ushida, T. et al. Virtual pain stimulation of allodynia patients activates cortical representation of pain and emotions: a functional MRI study. *Brain Topography* 18, 27-35 (2005).

22　Okutani, F. & Murata, Y. Prior gustatory stimuli modulate neural processing of "Umeboshi" images in the human brain: A fMRI study (European Congress of Radiology-ECR 2011).

23　Baliki, M. N., Geha, P. Y., Apkarian, A. V. & Chialvo, D. R. Beyond feeling: chronic pain hurts the brain, disrupting the

default-mode network dynamics. *Journal of Neuroscience* 28, 1398-1403 (2008).

24 Baliki, M. N. et al. Corticostriatal functional connectivity predicts transition to chronic back pain. *Nature Neuroscience* 15, 1117-1119 (2012).

25 Craig, A. D. & Bushnell, M. C. The thermal grill illusion: unmasking the burn of cold pain. *Science* 265, 252-255 (1994).

26 Koyama, T., McHaffie, J. G., Laurienti, P. J. & Coghill, R. C. The subjective experience of pain: where expectations become reality. *Proceedings of the National Academy of Sciences* 102, 12950-12955 (2005).

27 De Ruddere, L. & Craig, K. D. Understanding stigma and chronic pain: a-state-of-the-art review. *Pain* 157, 1607-1610 (2016).

28 Ferrari, R., Kwan, O., Russell, A. S., Pearce, J. M. S. & Schrader, H. The best approach to the problem of whiplash? One ticket to Lithuania, please. *Clinical and Experimental Rheumatology* 17, 321-326 (1999).

29 Cassidy, J. D. et al. Effect of eliminating compensation for pain and suffering on the outcome of insurance claims for whiplash injury. *New England Journal of Medicine* 342, 1179-1186 (2000).

30 Hayashi, K. et al. Predictors of high-cost patients with acute whiplash-associated disorder in Japan. *PLoS One* 18, e0287676, doi:10.1371/journal.pone.0287676 (2023).

31 丸田俊彦『痛みの心理学——疾患中心から患者中心へ』（中公新書、1989）

32 D. N. スターン『乳児の対人世界　理論編』小此木啓吾・丸田俊彦監訳、神庭靖子・神庭重信訳（岩崎学術出版社、1989）

33 Akeson, W. H., Amiel, D., Abel, M. F., Garfin, S. R. & Woo, S. L. Effects of immobilization on joints. *Clinical Orthopaedics and Related Research* 219, 28-37 (1987).

34 Akeson, W. H., Amiel, D. & Woo, S. L. Immobility effects on synovial joints. The pathomechanics of joint contracture.

Biorheology 17, 95-110 (1980).
35 Gupta, R. C., Misulis, K. E. & Dettbarn, W. D. Activity dependent characteristics of fast and slow muscle: biochemical and histochemical considerations. *Neurochemical Research* 14, 647-655 (1989).
36 Okamoto, T., Atsuta, Y. & Shimazaki, S. Sensory afferent properties of immobilised or inflamed rat knees during continuous passive movement. *The Journal of Bone & Joint Surgery British Volume* 81, 171-177 (1999).
37 Ushida, T. & Willis, W. D. Changes in dorsal horn neuronal responses in an experimental wrist contracture model. *Journal of Orthopaedic Science* 6, 46-52 (2001).
38 Lissek, S. et al. Immobilization impairs tactile perception and shrinks somatosensory cortical maps. *Current Biology* 19, 837-842 (2009).
39 Terkelsen, A. J., Bach, F. W. & Jensen, T. S. Experimental forearm immobilization in humans induces cold and mechanical hyperalgesia. *Anesthesiology* 109, 297-307 (2008).
40 Butler, R. K. & Finn, D. P. Stress-induced analgesia. *Progress in Neurobiology* 88, 184-202 (2009).
41 村松容子「子ども・高齢者ともに骨折は増加」『基礎研レポート』(2017. 8. 31)
42 Nachemson, A. L. The Lumbar Spine An Orthopaedic Challenge. *Spine* 1, 59-71 (1976).
43 Kawasaki, M., Ushida, T., Tani, T. & Yamamoto, H. Changes of wide dynamic range neuronal responses to mechanical cutaneous stimuli following acute compression of the rat sciatic nerve. *Journal of Orthopaedic Science* 7, 111-116 (2002).
44 Matsuyama, Y., Chiba, K., Iwata, H., Seo, T. & Toyama, Y. A multicenter, randomized, double-blind, dose-finding study of condoliase in patients with lumbar disc herniation. *Journal of Neurosurgery: Spine* 28, 499-511 (2018).
45 Craft, R. M. Modulation of pain by estrogens. *Pain* 132, S3-S12

(2007).
46 Harris, R. E. et al. Elevated insular glutamate in fibromyalgia is associated with experimental pain. *Arthritis & Rheumatism: Official Journal of the American College of Rheumatology* 60, 3146-3152 (2009).
47 Harris, R. E. et al. Decreased central μ-opioid receptor availability in fibromyalgia. *Journal of Neuroscience* 27, 10000-10006 (2007).
48 Krock, E. et al. Fibromyalgia patients with elevated levels of anti–satellite glia cell immunoglobulin G antibodies present with more severe symptoms. *Pain* 164, 1828-1840 (2023).
49 Hau, M., Dominguez, O. A. & Evrard, H. C. Testosterone reduces responsiveness to nociceptive stimuli in a wild bird. *Hormones and Behavior* 46, 165-170 (2004).
50 Yee, N. & Bailenson, J. The Proteus effect: The effect of transformed self-representation on behavior. *Human Communication Research* 33, 271-290 (2007).
51 Dalayeun, J. F., Norès, J. N. & Bergal, S. Physiology of β-endorphins. A close-up view and a review of the literature. *Biomedicine & Pharmacotherapy* 47, 311-320 (1993).
52 Galvan, A. Adolescent development of the reward system. *Frontiers in Human Neuroscience* 4, Article 6 (2010).
53 Brum, M. C. B., Senger, M. B., Schnorr, C. C., Ehlert, L. R. & da Costa Rodrigues, T. Effect of night-shift work on cortisol circadian rhythm and melatonin levels. *Sleep Science* 15, 143-148 (2022).
54 厚生労働科学研究費補助金 慢性の痛み対策研究事業 難治性疼痛の実態の解明と対応策の開発に関する研究 尾張旭市調査データより
55 深谷賢司、長谷川光広、白土充「低侵襲腰椎椎体間固定術後の隣接椎間障害の検討」『脊髄外科』30, 287-289 (2016).
56 大島秀規、吉野篤緒、片山容一「慢性難治性疼痛に対する脊髄刺激療法―神経障害性疼痛に対する治療を中心に―」『脳神

経外科ジャーナル』 23, 635-640 (2014).
57 Melzack, R. Gate control theory: on the evolution of pain concepts. *Pain forum* 5, 128-138 (1996).
58 Ikeuchi, M., Ushida, T., Izumi, M. & Tani, T. Percutaneous radiofrequency treatment for refractory anteromedial pain of osteoarthritic knees. *Pain Medicine* 12, 546-551 (2011).
59 Van Boxem, K. et al. Radiofrequency and pulsed radiofrequency treatment of chronic pain syndromes: the available evidence. *Pain Practice* 8, 385-393 (2008).
60 Tsuzuku, S., Kajioka, T., Sakakibara, H. & Shimaoka, K. Slow movement resistance training using body weight improves muscle mass in the elderly: a randomized controlled trial. *Scandinavian Journal of Medicine & Science in Sports* 28, 1339-1344 (2018).
61 Colloca, L. The placebo effect in pain therapies. *Annual Review of Pharmacology and Toxicology* 59, 191-211 (2019).
62 Moseley, J. B. et al. A controlled trial of arthroscopic surgery for osteoarthritis of the knee. *New England Journal of Medicine* 347, 81-88 (2002).
63 Grevert, P., Albert, L. H. & Goldstein, A. Partial antagonism of placebo analgesia by naloxone. *Pain* 16, 129-143, doi:10.1016/0304-3959(83)90203-8 (1983).
64 Park, C. et al. Stress, epigenetics and depression: a systematic review. *Neuroscience & Biobehavioral Reviews* 102, 139-152 (2019).
65 Russell, G. & Lightman, S. The human stress response. *Nature Reviews Endocrinology* 15, 525-534 (2019).

著者略歴

愛知医科大学医学部教授。慢性痛に対し集学的な治療・研究を行なう日本初の施設「愛知医科大学疼痛緩和外科・いたみセンター」で陣頭指揮を執る。１９６６年生まれ。高知医科大学（現高知大学医学部）を卒業後、テキサス大学客員研究員、ノースウエスタン大学客員研究員などを経て現職。国際疼痛学会の痛みの定義作成メンバーであり、厚生労働研究班の班長として「慢性疼痛治療ガイドライン」を作成するなど日本の痛み治療をリードする存在である。

ハヤカワ新書　041

「痛《いた》み」とは何《なに》か

二〇二五年四月二十　日　初版印刷
二〇二五年四月二十五日　初版発行

著　者　牛《うし》田《だ》享宏《たかひろ》
発行者　早川　浩
印刷所　中央精版印刷株式会社
製本所　中央精版印刷株式会社
発行所　株式会社　早川書房
東京都千代田区神田多町二ノ二
電話　〇三‐三二五二‐三一一一
振替　〇〇一六〇‐三‐四七七九九
https://www.hayakawa-online.co.jp

ISBN978-4-15-340041-2 C0240

Printed and bound in Japan

未知への扉をひらく

「ハヤカワ新書」創刊のことば

誰しも、多かれ少なかれ好奇心と疑心を持っている。

そして、その先に在る納得が行く答えを見つけようとするのも人間の常である。それには書物を繙いて確かめるのが堅実といえよう。インターネットが普及して久しいが、紙に印字された言葉の持つ深遠さは私たちの頭脳を活性して、かつ気持ちに余裕を持たせてくれる。

「ハヤカワ新書」は、切れ味鋭い執筆者が政治、経済、教育、医学、芸術、歴史をはじめとする各分野の森羅万象を的確に捉え、生きた知識をより豊かにする読み物である。

早川 浩

現実とは？
――脳と意識とテクノロジーの未来

藤井直敬

「現実科学」という新分野を切り開く

「現実」って何？　この当たり前すぎる問いに、解剖学者、言語学者、メタバース専門家、能楽師など各界の俊英が出した八者八様の答えとは。あなたの脳をあらゆる角度から刺激し、つらくて苦しいことも多い「現実」をゆたかにするヒントを提供する知の冒険の書

ハヤカワ新書
004

見えないから、気づく

浅川智恵子／（聞き手）坂元志歩

全盲の研究者はどのように世界をとらえ、変えてきたのか？

14歳のとき失明。ハンディキャップを越え、世界初の「ホームページ・リーダー」などアクセシビリティ技術を生み、日本女性初の全米発明家殿堂入り。現在は日本科学未来館館長とＩＢＭフェロー（最高位の技術職）を務める研究者が明かす自身の半生と発想の源泉

ハヤカワ新書
013